中国市政设计行业 BIM 技术丛书

张吕伟　蒋力俭　总编

市政工程 BIM 应用与新技术

上海市政工程设计研究总院（集团）有限公司　组织编写

张吕伟　主编

中国建筑工业出版社

图书在版编目（CIP）数据

市政工程 BIM 应用与新技术/上海市政工程设计研究总院
（集团）有限公司组织编写. —北京：中国建筑工业出版
社，2018.9
（中国市政设计行业 BIM 技术丛书）
ISBN 978-7-112-22492-0

Ⅰ.①市… Ⅱ.①上… Ⅲ.①市政工程-计算机辅助设
计-应用软件 Ⅳ.①TU99-39

中国版本图书馆 CIP 数据核字（2018）第 171361 号

本书为《中国市政设计行业 BIM 技术丛书》之一，是 BIM 技术与新一代
信息技术深度融合应用总结，对新一代信息技术产生背景、技术原理、软硬件
支撑及在工程中应用进行详细描述，共分为 10 章。
本书适用对象主要是 BIM 技术应用人员，也可供设计人员作为 BIM 技术
应用参考资料。

责任编辑：于　莉
责任校对：姜小莲

中国市政设计行业 BIM 技术丛书
张吕伟　蒋力俭　总编
市政工程 BIM 应用与新技术
上海市政工程设计研究总院（集团）有限公司　组织编写
张吕伟　主编

＊

中国建筑工业出版社出版、发行（北京海淀三里河路 9 号）
各地新华书店、建筑书店经销
北京科地亚盟排版公司制版
天津图文方嘉印刷有限公司印刷

＊

开本：787×1092 毫米　1/16　印张：13¼　字数：326 千字
2018 年 10 月第一版　2018 年 10 月第一次印刷
定价：**99.00** 元
ISBN 978-7-112-22492-0
（32574）

《市政工程 BIM 应用与新技术》编制单位

指导单位：中国勘察设计协会

总编单位：上海市政工程设计研究总院（集团）有限公司

主编单位：上海市政工程设计研究总院（集团）有限公司
上海市城市建设设计研究总院（集团）有限公司

参编单位：达索析统（上海）信息技术有限公司
欧特克软件（中国）有限公司
BENTLEY 软件（北京）有限公司
北京超图软件股份有限公司
洛阳鸿业信息科技股份有限公司

案例编写：中国市政工程中南设计研究总院有限公司
中国市政工程华北设计研究总院有限公司
深圳市市政设计研究院有限公司
同济大学建筑设计研究院（集团）有限公司
悉地（苏州）勘察设计顾问有限公司
上海中心大厦建设发展有限公司
上海现代建筑设计集团工程建设咨询有限公司
中建三局集团有限公司

丛书前言

在新一轮科技创新和产业变革中，信息化与建筑业的融合发展已成为建筑业发展的方向，对建筑业发展带来战略性和全局性的深远影响。BIM（建筑信息模型）技术是一种应用于工程设计、建造和管理的数字化工具，能实现建筑全生命期各参与方和环节的关键数据共享及协同，为项目全过程方案优化、虚拟建造和协同管理提供技术支撑。BIM 技术是推动建筑业转型升级、提高市政行业信息化水平和推进智慧城市建设的基础性技术。

2017 年 2 月，国务院办公厅印发《关于促进建筑业持续健康发展的意见》（国办发〔2017〕19 号），明确要求加快推进 BIM 技术在规划、勘察、设计、施工和运营维护全过程的集成应用，实现工程建设项目全生命周期数据共享和信息化管理，为项目方案优化和科学决策提供依据，促进建筑业提质增效。《"十三五"工程勘察设计行业信息化工作指导意见》（中设协字〔2016〕83 号），要求重点开展基于 BIM 的通用、编码、存储和交付标准的研究编制工作，为行业信息化建设打好基础。当前，BIM 技术应用已逐渐步入注重应用价值的深度应用阶段，并呈现出 BIM 技术与项目管理、云计算、大数据等先进信息技术集成应用的"BIM＋"特点，BIM 技术应用正向普及化、集成化、协同化、多阶段、多角度应用五大方向发展。

BIM 技术是实现工程建设全生命周期信息共享的信息交换技术，信息处理是 BIM 技术的核心。如何组织数据并使用数据一直是 BIM 技术应用的关键。在实际操作中存在诸多问题，如 BIM 数据冗余化、数据录入唯一性、数据应用提取多样化等。要解决以上问题，需重点研究 BIM 技术中的信息交换数据内容，这正是《中国市政设计行业 BIM 技术丛书》编制的指导思想。

在中国勘察设计协会的指导下，由上海市政工程设计研究总院（集团）有限公司作为总编单位，组织全国 15 家主要市政设计院和国内外 6 家著名软件公司，撰写《中国市政设计行业 BIM 技术丛书》。丛书共由 5 个分册组成，各分册确定两个主编单位负责具体撰写工作。《市政给水排水工程 BIM 技术》、《市政道路桥梁工程 BIM 技术》、《市政隧道管廊工程 BIM 技术》针对市政设计行业 BIM 应用设计流程开展研究，重点在 BIM 数据交换内容，按照国际 IDM 信息交付标准思路进行撰写；《市政工程 BIM 应用与新技术》反映了市政设计行业近几年"BIM＋"应用成果，详细描述工程现场数据和信息的实时采集、高效分析、即时发布和随时获取等应用模式；《市政工程 BIM 技术二次开发》针对市政设计行业各专业差异性、国外主流 BIM 软件中国本地化不足和局限性，介绍主流 BIM 应用软件二次开发方法，提升 BIM 应用软件使用价值。

《丛书》的编撰工作得到了全国诸多 BIM 专家的支持与帮助，在此一并致以诚挚的谢意。衷心期望丛书能进一步推动 BIM 技术在市政设计行业中的深化应用。鉴于 BIM 技术应用仍处于快速发展阶段，尚有诸多疑难点需要解决，丛书的不足之处敬请谅解和指正。

《中国市政设计行业 BIM 技术丛书》编委会

前　　言

　　住房和城乡建设部发布的《2016—2020 年建筑业信息化发展纲要》（建质函〔2016〕183 号）（简称《纲要》）对建筑业信息化提出了明确目标。旨在增强建筑业信息化发展能力，优化建筑业信息化发展环境，加快推动信息技术与建筑业发展深度融合。

　　《纲要》提出，"十三五"时期，全面提高建筑业信息化水平，着力增强 BIM、大数据、智能化、移动通信、云计算、物联网等信息技术集成应用能力，建筑业数字化、网络化、智能化取得突破性进展，初步建成一体化行业监管和服务平台，数据资源利用水平和信息服务能力明显提升，形成一批具有较强信息技术创新能力和信息化应用达到国际先进水平的建筑企业及具有关键自主知识产权的建筑业信息技术企业。

　　《纲要》要求勘察设计类企业，应积极探索"互联网＋"形势下管理、生产的新模式，深入研究 BIM、物联网等技术的创新应用，创新商业模式，增强核心竞争力，实现跨越式发展。深度融合 BIM、大数据、智能化、移动通信、云计算等信息技术，实现 BIM 与企业管理信息系统的一体化应用，促进企业设计水平和管理水平的提高。在工程项目策划、规划及监测中，集成应用 BIM、GIS、物联网等技术，对相关方案及结果进行模拟分析及可视化展示。建立满足企业多层级管理需求的数据中心，可采用私有云、公有云或混合云等方式。

　　以 BIM 模型为核心，与先进的信息化技术集成应用，发挥双方更大的价值。目前，以云计算、大数据、物联网、移动应用等为代表的新一代信息技术逐渐被普遍应用，为 BIM 技术的深度应用提供了更多技术支撑和应用手段。BIM 技术基于几何模型，可附加建造过程中大量的业务信息，前端可集成物联网、移动应用等，后端可利用云计算低成本、高效率的特性，形成稳定的 BIM 模型数据库，支持基于 BIM 技术的业务协同。过程中形成的大量数据可采用基于大数据存储、分析和挖掘技术，形成可复用的 BIM 知识库，持续提升 BIM 数据的价值。

　　云计算是一种基于互联网的计算方式，以这种方式共享的软硬件和信息资源可以按需提供给计算机和其他终端使用。BIM 与云计算集成应用，是利用云计算的优势将 BIM 应用转化为 BIM 云服务，为 BIM 提供最有力的支持，两者结合以达到协同管理及提升工程管理效率的目标。

　　BIM 与物联网集成应用，实质上是工程建设全过程信息的集成与融合。BIM 技术发挥上层信息集成、交互、展示和管理的作用，而物联网技术则承担底层信息感知、采集、传递、监控的功能。二者集成应用可以实现工程建设全过程"信息流闭环"，实现虚拟信息化管理与实体环境硬件之间的有机融合。BIM 的出现，加快了物联网技术运用到建设中，是对基础设施建设的推动和促进。BIM 是物联网应用的基础数据模型，是物联网的核心和灵魂。

　　GIS 的出现为城市的智慧化发展奠定了基础，BIM 的出现附着了城市建筑物的整体信息，两者的结合创建了一个附着了大量城市信息的虚拟城市模型，而这正是智慧城市的基础。总体来说，BIM 是用来整合和管理建筑物本身所有阶段信息，GIS 则是整合及管理建筑外部环境信息。把微观领域的 BIM 信息和宏观领域的 GIS 信息进行交换和结合，对实现智慧城市建设发挥了不可替代的作用。

BIM 的核心在于信息，其应用是大数据时代的必然产物。BIM 不仅能够处理项目级的基础数据，其最大的优势是承载海量项目数据。工程建设是数据量最大、规模最大的行业，随着 BIM 的发展及普及，势必会促使工程建设行业大数据时代的到来。

本书是 BIM 技术与新一代信息技术深度融合应用的总结，对新一代信息技术产生背景、技术原理、软硬件支持及在工程中应用进行了详细描述，共分为 10 章。

第 1 章概述，对 BIM 技术与新一代信息技术深度融合必要性和意义进行综合论述；第 2 章～第 8 章，分别对云计算、物联网、虚拟现实、倾斜摄影、三维激光扫描、3D 打印、BIM 与 3DGIS 集成，进行系统性论述；第 9 章、第 10 章，针对 BIM 技术应用中，协同设计、模型审核两个关键技术的解决方案进行详细描述。

本书在主编单位上海市政工程设计研究总院（集团）有限公司组织下，由国内 5 家市政设计院、5 家软件公司共同参与撰写工作。

本书内容力求全面、系统、客观，表现形式通俗性与专业性相结合，为市政设计行业发展、设计企业应用提供依据和参考。

鉴于 BIM 技术与新一代信息技术深度融合刚起步，典型案例较少，应用效果总结不系统，作者的水平和时间有限，还有许多不足之处，有些观点和内容也不一定正确，期待将来逐步完善。

本书适用对象主要是 BIM 技术应用人员，也可供设计人员作为 BIM 技术应用参考资料。

《市政工程 BIM 应用与新技术》编写组

目　　录

8

第1章 概 述

住房和城乡建设部发布《2016—2020 年建筑业信息化发展纲要》（建质函〔2016〕183 号）对建筑业信息化提出了明确目标。"十三五"时期，全面提高建筑业信息化水平，着力增强 BIM、大数据、智能化、移动通信、云计算、物联网等信息技术集成应用能力，建筑业数字化、网络化、智能化取得突破性进展。随着 BIM 应用程度深入，BIM 将与其他技术，如 ERP、PC、互联网、GIS 等技术相互融合，推进信息化技术的一体化进程。

1.1 新技术应用必要性

1.1.1 "BIM＋"时代刻不容缓

国务院办公厅《关于促进建筑业持续健康发展的意见》（国办发〔2017〕19 号）中首次提到"加快推进建筑信息模型（BIM）技术在规划、勘察、设计、施工和运营维护全过程的集成应用，实现工程建设项目全生命周期数据共享和信息化管理，为项目方案优化和科学决策提供依据，促进建筑业提质增效"。

建筑业信息化是建筑业发展战略的重要组成部分，也是建筑业转变发展方式、提质增效、节能减排的必然要求。住房和城乡建设部发布的《2016—2020 年建筑业信息化发展纲要》，旨在增强建筑业信息化发展能力，优化建筑业信息化发展环境，加快推动信息技术与建筑工程管理发展深度融合。在此之后，国家再一次重点鼓励推进 BIM 技术，标志着"BIM＋"时代正式来临。

工程建设行业发展阶段依次是"手工、自动化、信息化、网络化"。"甩图板"实现了从手工到自动化的革命，而如今 BIM 技术就要开启了从自动化到信息化的转变，"这是一股进步力量，也会是一股创新力量"。随着 VR、CR 技术的推广，人们对于空间理念的扩大、对于空间建筑理念的转型形成了强大的冲击。BIM 技术恰好与这种变化要素吻合，"BIM 是一种三维设计，而三维恰好是人认识空间的基本方式，这是一种理念的回归，BIM 是回归工程设计本身"。

1.1.2 "互联网＋"产生背景

"互联网＋"的概念于 2012 年在业界首次提出，强调互联网与各传统产业进行跨界深度融合。在第十二届全国人民代表大会第三次会议的政府工作报告中提出制定"互联网＋"行动计划，来推动移动互联网、云计算、大数据、物联网等与现代制造业结合，促进电子商务、工业互联网和互联网金融健康发展，引导互联网企业拓展国际市场。至此，"互联网＋"变成了一个国民关注的热点，各行各业也开始对"互联网＋"进行了不同程度的探索，出现了"互联网＋工业"、"互联网＋金融"、"互联网＋医疗"、"互联网＋交通"、"互联网＋公共服务"、"互联网＋教育"等新兴领域。工程建设行业作为传统行业也紧跟时代的步伐，陆续提出了"互联网＋智慧城市"、"互联网＋BIM"、"互联网＋绿色建筑"等。

"互联网＋"在工程建设行业里可以理解为"BIM＋"。在 BIM 技术平台上，很多东西可以加载进来。"BIM＋"时代的到来，与互联网、云计算、大数据、3D 打印、VR/AR 技术以及 3DGIS 等结合在一起，从 BIM 技术平台上有很多延展。比如在 3DGIS 和 BIM 集成方面延展到城市层面上，智慧城市、数字城市可以打通平台，高效率进行设计施工和运营维护。

1.1.3 大数据时代的"BIM＋互联网"

大数据时代，是信息化时代、互联网时代的升级版。工程建设行业是数据量最大、业务规模最大的大数据行业。BIM 模型成为项目工程数据和业务数据的大数据承载平台。正因为 BIM 是多维度（≥3D）结构化数据库，项目管理相关数据放在 BIM 的关联数据库中，借助 BIM 的结构化能力，不但使各种业务数据具备更强的计算分析能力；而且还可以利用 BIM 的 3D、4D 可视化能力，使所有报表数据随时即得，更符合人性也更能提升协同效率。

"BIM＋互联网"使项目管理生产力革命性的变化，生产力大幅提升；提前预知冲突、过程质量管理，大大提升建筑品质；行业更加透明化，行业竞争更有序；推进建筑业从关系竞争力向能力竞争力转变；建筑业规模经济优势形成；加快建筑业的产业整合，逐步形成健康良性的行业秩序。

1.1.4 "BIM＋"向五大方向发展

BIM 技术在我国工程建设行业的应用已逐渐步入注重应用价值的深度应用阶段，并呈现出 BIM 技术与项目管理、云计算、大数据等先进信息技术集成应用的"BIM＋"特点，同时正在向多阶段、集成化、多角度、协同化、普及化应用五大方向发展。

（1）方向之一：多阶段应用，从聚焦设计阶段应用向施工阶段深化应用延伸

BIM 技术在设计阶段的应用成熟度高于施工阶段，其在设计阶段应用时间较长。近几年，BIM 技术在施工阶段的应用价值越来越凸显，发展也非常快。由于施工阶段对工作高效协同和信息准确传递要求更高，对信息共享和信息管理、项目管理能力以及操作工艺的技术能力等方面要求都比较高，因此 BIM 应用有逐步向施工阶段深化应用延伸的趋势。

（2）方向之二：集成化应用，从单业务应用向多业务集成应用转变

目前，很多项目通过使用单独的 BIM 软件来解决单点业务问题，以局部应用为主。而集成应用模式可根据业务需要通过软件接口或数据标准集成不同模型，综合使用不同软件和硬件，以发挥更大的价值。基于 BIM 的多业务集成应用主要包括：不同业务或不同专业模型的集成应用、支持不同业务工作的 BIM 软件的集成应用、与其他业务或新技术的集成应用。

（3）方向之三：多角度应用，从单纯技术应用向与项目管理集成应用转化

BIM 技术可有效解决项目管理中生产协同、数据协同的难题，目前正在深入应用于项目管理的各个方面，包括成本管理、进度管理、质量管理等方面，与项目管理集成将成为 BIM 应用的一个趋势。BIM 技术可为项目管理提供一致的模型，模型集成了不同业务的

数据，采用可视化方式动态获取各方所需的数据，确保数据能够及时、准确地在参建各方之间得到共享和协同应用。

（4）方向之四：协同化应用，从单机应用向基于网络的多方协同应用转变

物联网、移动应用等新的客户端技术迅速发展普及，依托于云计算、大数据等服务端技术实现了真正的协同，满足了工程现场数据和信息的实时采集、高效分析、及时发布和随时获取，形成了"云＋端"的应用模式。从单机应用向"云＋端"的协同应用转变将是BIM 应用的一个趋势。云计算可为 BIM 技术应用提供高效率、低成本的信息化基础架构，二者的集成应用可支持施工现场不同参与者之间的协同和共享，对施工现场管理过程实施监控，将为施工现场管理和协同带来革命。

（5）方向之五：普及化应用，从标志性项目应用向一般项目应用延伸

随着企业对 BIM 技术认识的不断深入，很多 BIM 技术的相关软件逐渐成熟，应用范围不断扩大，从最初应用于一些大规模、标志性的项目，发展到近两年已开始应用到一些中小型项目，基础设施领域也开始积极推广 BIM 应用。基础设施项目往往工程量庞大、施工内容多、施工技术难度大、施工现场周围环境复杂、施工安全风险较高，传统的管理方法已不能满足实际施工需要，BIM 技术可通过施工模拟、管线综合等技术解决这些问题，使施工准确率和效率大大提高。

1.2　BIM 技术应用

1.2.1　BIM 技术应用优势

BIM 技术与传统的二维图纸相比，它以工程项目相关的各项信息数据为基础，建立三维模型，具有可视化、协调性、模拟性、优化性和可出图性等特点，可为工程建设全生命周期（包括决策、设计、施工、运维和可持续发展过程）提供必要的建筑信息，实现不同专业之间的模型集成和不同参与方之间的协同工作，进一步优化施工进度和施工成本，提高工程建设质量。BIM 技术目前在工程建设行业的应用情况主要体现在以下几点：

（1）解决"错、漏、碰、缺"

设计人员在设计过程中解决"错、漏、碰、缺"等问题，必须逐一对平面图、立面图、剖面图等每一张图纸进行修改，而由 BIM 技术建立的三维模型即便出现"错、漏、碰、缺"等问题，只需要修改三维模型相关参数，对应的模型和其他图纸都可以自动修改为最新数据。另外，由于 BIM 技术建立的模型具有可视性、模拟性和可协调性，因此在设计过程中除了可以快速修改模型、图纸以外，还可以通过模拟来检测不同专业之间的碰撞问题，尽早做出解决的方案，避免施工过程中源源不断的设计变更问题。

（2）工程算量精细化和实时化

传统的工程项目一旦设计图纸进行更改后，对应的工程量就需要重新计算，甚至导致全部工程量都要重新计算，耗时又费力。利用 BIM 技术相关软件修改模型信息参数后，不仅模型能够实时更新，而且模型对应的工程量也能快速进行更新，原来可能需要几天、几个小时才能算好的工程量，在对应的三维模型中，只需要几分钟进行重新计算即可得到修改参数后的工程量。另外，对于不同阶段需要的工程量清单的精细程度不同，只需要在

计算工程量时，用不同的工程量计算规则，即可在同一个模型下获得不同精细程度的工程量清单，方便又快捷。

（3）优化施工进度计划

在施工过程中，遇到需要赶工期或加快施工进度的情况，经常采用平行施工的方式来提高工程速度，但是在平行施工的过程中难免出现一些设计施工、不同专业之间的矛盾问题，使得工程项目的风险增加。此时，可以在项目开工前录入进度相关信息，利用 BIM 平台进行 4D 进度模拟，利用其三维可视化提前模拟并检测施工过程中是否会出现空间上的碰撞等问题，如果有则修改和优化施工方案或提前做好预防的措施等，在降低风险的同时，使得原有的工程进度效率大增。另外，将实际进度数据录入模型与原进度数据进行比较，分析工期滞后的原因，在此基础上合理分配现场资源，避免人员、设备的窝工，造成成本的增加。

（4）提高沟通效率

传统的二维图纸，设计人员与施工人员进行交底的过程中，会出现各种问题，如由于施工人员知识水平参差不齐，出现对图纸的理解不到位，与设计人员的设计意图相背离等，导致设计和施工之间出现脱节的问题。而应用 BIM 技术建立的三维模型由于其具有可视性，可以帮助施工人员进一步理解设计图纸，以达到设计、施工的零距离交接和一体化实施。

1.2.2　BIM 技术应用局限性

（1）信息存储难

工程建设项目由于工期长、参与方众多、各个专业在施工中交叉进行，因此在整个项目全生命周期内，涉及模型参数、施工照片、实际进度数据、设计变更单、会议纪要、竣工验收资料等，多样性、复杂性的数据使得工程量信息巨大，导致相关数据的存储和更新受到一定的限制，数据处理已经很难满足 BIM 技术在工程项目应用中的精细化管理要求。

（2）投入成本高

目前，应用较广泛的 BIM 软件安装和运行对电脑的配置要求都较高，因此，企业在培养 BIM 人才的过程中必须配备较好的硬件设施，使得培养的成本迅速上升。

（3）信息孤岛

BIM 技术作为工程项目信息化的集成，在项目精细化管理的过程中主要体现在项目不同参与方之间的协同工作，而协同最重要的就是实现资源的共享。然而，目前的 BIM 数据信息多存放在单个电脑或企业自己内部的平台上，项目各参与方都在各自的模型上进行修改，使得工程信息没有统一的模型，呈现碎片化，信息传递过程不同步、不完整，导致交流的过程费时又费力，还不一定能得到较好的效果。因此，目前私有级的或企业级的 BIM 平台，在一定程度上阻碍了企业不同参与方之间的共同交流和应用，不能较好地发挥 BIM 技术的协同作用。

1.2.3　BIM 技术应用与互联网融合

BIM 技术作为工程建设行业的热点，已被广泛应用于设计、招标投标、施工、运行维护等各个阶段，但由于 BIM 数据信息量巨大，单个电脑的存储与运行使得信息无法共享，已经不能更好地发挥 BIM 技术为企业搭建协同平台的优势。

随着网络技术的日新月异，目前"云计算"是基于互联网的一种复杂数据存储、处理、实时共享的便捷高效服务系统，因此 BIM 技术与互联网的结合有效地解决了 BIM 技术实施过程出现的信息存储难、投入成本高、信息孤岛等问题，为建设项目的各参与方搭建了一个信息共享的协同工作平台。

BIM 技术应用与互联网融合优势如下：

（1）信息存储便捷化

随着大数据和云计算等技术的蓬勃发展，目前工程建设数据繁杂、数据量大等凸显出来的问题基本都得到了解决。基于互联网的 BIM 云平台，能够以快速、简单和可扩展的方式，创建和管理大型、复杂的数据。它具有存储功能强大、数据处理迅速等优点，有效解决了目前 BIM 软硬件投资大、BIM 工程资料数据庞大、工程建设实施后期数据繁杂处理等问题。

（2）信息共享简单化

专业软件公司提供的 BIM 云平台，可以将工程项目不同专业之间集成的模型上传到一个公用的平台，方便项目不同参与方共同进行查看、批注，从而实现 BIM 资源的信息共享。在实施过程中，项目各参与方可以将各自在工程中的相关资源上传到统一平台，在资源实时共享的同时，针对统一的模型进行随时随地的讨论交流，解决不同参与方之间跨地域协同工作的瓶颈，缩短了信息传递所需要的时间，并避免了各方由于理解不同而导致工程在实施过程中出现的各种问题，有效提高了不同参与方之间的协同沟通，进一步提升了工作效率。

（3）信息应用可持续化

在建立了工程项目级的云平台管理系统后，继而建立符合企业标准的 BIM 数据库，将不同工程项目在设计、招标投标、施工、运行等过程中，出现的质量、进度、成本和安全问题，上传到云平台，为企业日后开展的项目进行风险预测提供依据，提高项目的成功率，从而为企业的可持续发展提供参考价值，建立信息保障。

1.3 BIM 技术应用与新技术

"互联网＋"的概念被正式提出之后，纷纷尝试借助互联网思维推动行业发展，工程建设行业也不例外。随着 BIM 应用逐步深入，单纯应用 BIM 技术的项目越来越少，更多的是将 BIM 技术与新一代信息技术集成，发挥更大的综合价值。

1.3.1 BIM 与云计算

云计算是一种基于互联网的计算方式，以这种方式共享的软硬件和信息资源可以按需提供给计算机和其他终端使用。BIM 与云计算集成应用，是利用云计算的优势将 BIM 应用转化为 BIM 云服务。

云计算是推动信息技术能力实现按需供给、促进信息技术和数据资源充分利用的全新业态。工程建设行业信息化基础设施相当薄弱，云计算的成熟为建筑业信息化带来了极好的机遇。

基于云计算强大的计算能力，可将 BIM 应用中计算量大且复杂的工作转移到云端，以提升计算效率；基于云计算的大规模数据存储能力，可将 BIM 模型及其相关的业务数据同步到云平台，方便用户随时随地访问并与协作者共享；云计算使得 BIM 技术走出办公室，用户在施工现场可通过移动设备随时连接云服务，及时获取所需的 BIM 数据和服务等。

1.3.2　BIM 与物联网

物联网是通过射频识别、红外感应器、全球定位系统、激光扫描器等信息传感设备，按约定的协议将物品与互联网相连进行信息交换和通信，以实现智能化识别、定位、跟踪、监控和管理的一种网络。

BIM 与物联网集成应用，实质上是工程建设全过程信息的集成与融合。BIM 技术发挥上层信息集成、交互、展示和管理的作用，而物联网技术则承担底层信息感知、采集、传递、监控的功能。二者集成应用可以实现工程建设全过程"信息流闭环"，实现虚拟信息化管理与实体环境硬件之间的有机融合。

物联网是新一代信息技术的高度集成和综合运用，为实现施工现场各类原始基础数据的持续采集提供了可能性。利用现场监测、无损检测或各种传感技术进行安全、设备运行状态、施工环境监测以及现场人员、进场物资管理等，实现数据的自动采集与传输，在专业软件的辅助下，完成对施工状况的评估和预警。

1.3.3　BIM 与虚拟现实

虚拟现实（VR）技术是综合利用计算机图形系统和各种现实及控制等接口设备，在计算机上生成的、可交互的三维环境中提供沉浸感觉的技术。VR 技术是一种可以创建和体验虚拟世界的计算机仿真系统技术，利用计算机生成一种模拟环境，利用多源信息融合的交互式三维动态视景和实体行为的系统仿真，使用户沉浸到该环境中。

BIM 模型是一个高度数据化的虚拟建筑，与以前的建筑仿真不同，BIM 是基于一个可视化的模型效果来体现数据的分析结果，将一个在现实中还完全不存在的建筑，转移到电脑或者移动网络之上，根据这个精确的数据模型，对建筑的规划、设计以及后期施工再到最后的运维提供指导。

BIM 与虚拟现实技术集成应用，可提高模拟的真实性。传统的二维、三维表达方式，只能传递建筑物单一尺度的部分信息，使用虚拟现实技术可展示一栋活生生的虚拟建筑物，使人产生身临其境之感。并且可以将任意相关信息整合到已建立的虚拟场景中，进行多维模型信息联合模拟。可以实时、任意视角查看各种信息与模型的关系，指导设计、施工、辅助监理、监测人员开展相关工作。

1.3.4　BIM 与倾斜摄影

倾斜摄影以多角度、大范围、高精度、高清晰的方式全面感知复杂场景，快速、有效地获取地物正直影像及立面纹理。在借助具有高性能协同并行处理能力的数据处理系统的情况下，可快速实现基于倾斜摄影技术的三维模型建立。

BIM 与倾斜摄影融合，把建筑空间信息与其周围地理环境信息应用到城市三维分析中，极大地降低了建筑空间分析成本。

1.3.5 BIM 与三维激光扫描

三维激光扫描是集光、机、电和计算机技术于一体的高新技术，主要用于对物体空间外形、结构及色彩进行扫描，以获得物体表面的空间坐标，具有测量速度快、精度高、使用方便等优点，且其测量结果可直接与多种软件接口。三维激光扫描技术又被称为实景复制技术，采用高速激光扫描测量的方法，可大面积高分辨率地快速获取被测量对象表面的三维坐标数据，为快速建立物体的三维影像模型提供了一种全新的技术手段。

三维激光扫描技术可有效完整地记录工程现场复杂的情况，通过与设计模型进行对比，直观地反映出现场真实的施工情况，为工程检验等工作带来了巨大帮助。同时，针对一些古建类建筑，三维激光扫描技术可快速准确地形成电子化记录，并形成数字化存档信息，方便后续的修缮改造等工作。此外，对于现场难以修改的施工现状，可通过三维激光扫描技术得到现场真实信息，为其量身定做装饰构件等。BIM 与三维激光扫描集成应用，是将 BIM 模型与所对应的三维激光扫描模型进行对比、转化和协调，达到辅助工程质量检查、快速建模、减少返工的目的，可解决很多传统方法无法解决的问题。

1.3.6 BIM 与 3D 打印

3D 打印是一种以数字模型为驱动源，通过增材打印的方式来构造物体空间形态的成型技术。通过 3D 打印技术，已经能够实现一些简单的房屋和构件的打印，但是如果要运用到复杂的建筑打印上，还需要进一步的创新发展，解决软件、硬件设备、材料、配筋、行业标准等诸多难题。

BIM 与 3D 打印技术集成应用，主要是在设计阶段利用 3D 打印机将 BIM 模型微缩打印出来，供方案展示、审查和进行模拟分析；在建造阶段采用 3D 打印机直接将 BIM 模型打印成实体构件和整体建筑，部分替代传统施工工艺来建造建筑。BIM 与 3D 打印技术集成应用，可谓两种革命性技术的结合，为建筑从设计方案到实物的过程开辟了一条"高速公路"，也为复杂构件的加工制作提供了更高效的方案。目前，BIM 与 3D 打印技术集成应用有三种模式：基于 BIM 的整体建筑 3D 打印、基于 BIM 和 3D 打印制作复杂构件、基于 BIM 和 3D 打印的施工方案实物模型展示。

1.3.7 BIM 与 GIS

地理信息系统（Geographic Information System，简称 GIS）是用于管理地理空间分布数据的计算机信息系统。在计算机硬、软件系统的支持下，以直观的地理图形方式获取、存储、管理、计算、分析和显示与地球表面位置相关的各种数据。GIS 与 BIM 的主要区别在于：GIS 主要应用于宏观区域，包含基础地理数据、规划信息、地上和地下管线系统、道路系统、人口等信息；BIM 则主要应用于微观单体建筑，涵盖建筑单体的结构、空间、空调、水暖等全专业信息。"BIM＋GIS"作为 BIM 多维度应用的一个重要方向，GIS 提供的专业空间查询分析能力及宏观地理环境基础深度挖掘了 BIM 的价值。

BIM 与 GIS 集成应用，是通过数据集成、系统集成或应用集成来实现的，可在 BIM 应用中集成 GIS，也可 GIS 应用中集成 BIM，或是 BIM 与 GIS 深度集成，以发挥各自的优势，拓展应用领域。目前，二者集成在城市规划建设、城市交通分析、城市微环境分析、市政管网管理、住宅小区规划、数字防灾、既有建筑改造等诸多领域有所应用，与各自单独应用相比，在建模质量、分析精度、决策效率、成本控制水平等方面都有明显提高。

BIM 与 GIS 的集成和融合能给人类带来的价值将是巨大的，方向也是明确的。然而，尽管两者如此接近，也并非能毫无阻碍地结合在一起。从两者的实现方法来看，无论在技术上还是管理上都还有许多需要讨论和解决的困难和挑战。至少有一点是明确的：简单地在 GIS 系统中使用 BIM 模型或者反之都不能很好发挥集成作用。

第2章 云 计 算

云计算是一种基于互联网的计算方式，以这种方式共享的软硬件和信息资源可以按需提供给计算机和其他终端使用。它将计算任务分布在由大量计算机构成的资源池上，使各种应用系统能够根据需要获取计算能力、存储空间和信息服务。

2.1 技术背景

2.1.1 云计算产生背景

1946 年，第一台电子管计算机问世。1970 年开始，集成电路、超大规模集成电路计算机的实用化，使得信息技术从语言、文字、印刷术和电报、电话、广播、电视跃升到第五个阶段，即电子计算机的普及应用以及计算机与现代通信技术的有机结合阶段。

20 世纪 80 年代网络的发展，加速了基于电子计算机的信息化产品的普及，信息化产品已经渗透到每个人生活和劳作的各个方面。个人计算机、服务器、图形工作站、存储及备份系统、网络交换与数据转发系统、网络与数据安全系统等用于不同应用场合的设备集成，成为提供信息服务的数据中心，虽然这些信息化产品已经部分实现了区域化，通常以企业组织为边界，但仍然依赖网络链接为集合。在这些集合中，数据资源的共享得以实现，但计算、存储等资源仍然被束缚在每台设备上，无法再组织、再分配。为应对一时一事的投入巨大，且浪费严重。于是，如何有效利用已有技术并结合新技术，为更多的企业或个人提供强大的计算能力与多种多样的服务，就成为许多拥有巨大服务器资源的企业考虑的问题。

1961 年，著名的美国计算机科学家、图灵奖（Turing Award）得主麦卡锡（John McCarthy）在麻省理工学院（MIT）的百年纪念活动中做了一个演讲。在那次演讲中，他提出了像使用其他资源一样使用计算资源的想法，这就是时下 IT 界的时髦术语"云计算"的核心想法。

通过云计算把计算能力、存储能力和安全系统集中起来，放到"云"中去。当我们需要的时候，如同接入电网即可获得电力一样，通过网络接入"云"获得相应的计算和存储能力，不需要时就释放在"云"里面。"云计算"之所在，即我们信息处理能力之所在。

2.1.2 云计算概念

云计算中的这个"云"字泛指互联网上的某些"云深不知处"的部分，是云计算中"计算"的实现场所。而云计算中的这个"计算"也是泛指，它几乎涵盖了计算机所能提供的一切资源。

美国国家标准与技术研究院（NIST）定义：云计算是一种按使用量付费的模式，这种模式提供可用的、便捷的、按需的网络访问，进入可配置的计算资源共享池（资源包括网络、服务器、存储、应用软件、服务），这些资源能够被快速提供，只需投入很少的管理工作，或与服务供应商进行很少的交互。各种"云计算"的应用服务范围正日渐扩大，影响力也不可估量。

云计算（Cloud Computing）是分布式计算（Distributed Computing）、并行计算（Parallel Computing）、效用计算（Utility Computing）、网络存储（Network Storage）、虚拟化（Virtualization）、负载均衡（Load Balance）、热备份冗余（High Available）等传统计算机和网络技术发展融合的产物。

2.1.3　云计算模式

云计算模式有 SaaS、PaaS 和 IaaS 三种。

（1）软件即服务 SaaS（Software as a Service）

提供给客户的服务，是服务商运行在云计算基础设施上的应用程序，可以在各种客户端设备上通过客户端界面访问，比如浏览器。客户不需要管理或控制底层的云计算基础设施，包括网络、服务器、操作系统、存储，甚至单个应用程序的功能。

（2）平台即服务 PaaS（Platform as a Service）

提供给客户的服务，是将客户创建的应用程序部署到云计算基础设施上去。客户不需要管理或控制底层的云计算基础设施，包括网络、服务器、操作系统、存储，但客户能控制部署的应用程序，也可控制应用的托管环境配置。

（3）基础设施即服务 IaaS（Infrastructure as a Service）

提供给客户的服务，是出租处理能力、存储、网络和其他基本的计算资源，用户能够部署和运行任意软件，包括操作系统和应用程序。客户不管理或控制底层的云计算基础设施，但能控制操作系统、存储、部署的应用，也有可能选择网络组件（例如，防火墙、负载均衡器）。

2.1.4　云计算部署模式

2009 年，云计算的三种服务模式（公有云、私有云、混合云）全部出现，IT 企业、互联网企业、电信运营商纷纷推出了云服务，云计算进入快速发展期。

（1）公有云

公有云通常指第三方服务商提供软件（SaaS）、平台（PaaS）和基础设施（IaaS）等云服务给用户，用户一般使用互联网来访问、使用和管理所租用的公有云。

公有云能够以低廉的价格，提供有吸引力的服务给最终用户，创造新的业务价值。公有云作为一个支撑平台，还能够整合上游的服务（如增值业务、广告）提供者和下游的最终用户，打造新的价值链和生态系统。

（2）私有云

私有云的基础设施是专门为某一个企业用户服务而构建的。因而提供对数据、安全性和服务质量的最有效控制。该企业用户拥有基础设施，并可以控制在此基础设施上部署的应用程序。私有云可部署在企业数据中心的防火墙内，也可部署在一个安全的主机托管场所。

（3）混合云

混合云是公有云、私有云的结合。它们相互独立，但在云的内部又相互结合，可以发挥多种云计算模型各自的优势。由于安全和控制原因，并非所有的企业信息都能放置在公有云上，这样大部分已经应用云计算的企业将会使用混合云模式。

2.1.5　云计算优势

云计算平台在改进基础架构、节省成本等方面具备相当的优势。在一些应用场景，已经可以取代传统的技术。越来越多的企业开始关注云计算，并评估自身建设云计算平台的可能性。

（1）数据保存可靠性

电脑可能会被损坏，或者被病毒、木马攻击，导致硬盘上的数据无法恢复。如果把重要的数据传输保存在云网络服务上，就不用担心数据的丢失和损坏。因为在云的另一端，有专业的团队来管理信息，有先进的数据中心来保存数据。同时，又有严格的管理权限策略来共享数据。

（2）降低客户端设备投入成本

云计算对客户端的设备要求低。在传统网络模式下，有时我们为了使用某个新的操作系统或某个软件的新版本，必须不断地提高自己的电脑硬件设施。运用云计算技术，只要拥有一台连接网络的计算机和一个浏览器，在浏览器中键入 URL，就可以享受云计算的无穷魅力。

（3）更多的存储空间

"云"提供了足够大的空间存储和管理数据，也为完成各类应用提供了无限大的计算能力。在服务端，是数以万千的服务器组成的庞大集群来帮我们计算和处理保存数据。

2.2　关键技术

云计算的核心技术包括：虚拟机技术、数据存储技术、分布式编程与计算、虚拟资源的管理与调度、业务接口与安全技术等。狭义的云计算指 IT 基础设施的交付和使用模式；广义的云计算指服务的交付和使用模式。

2.2.1　Hadoop 技术

Hadoop 实现了一个分布式文件系统（Hadoop Distributed File System），简称HDFS。HDFS 具有高容错性的特点，并且设计用来部署在低廉的硬件上；而且它能提供高吞吐量来访问应用程序的数据，适合那些有着超大数据集的应用程序。HDFS 放宽了对POSIX 的要求，可以以流的形式访问文件系统中的数据。

Hadoop 因其在大数据处置领域具有广泛的实用性以及良好的易用性，自 2007 年推出后，很快在工业界获得普及应用，同时获得了学术界的广泛关注和研究。在短短的几年中，Hadoop 很快成为目前为止最为成功、最广泛接受使用的大数据处置主流技术和系统平台，而且成为一种大数据处置事实上的工业标准，获得了工业界大量的进一步开发和改良，并在工业界和应用行业，尤其是互联网行业获得了广泛的应用。对于其系统性能和功能方面的不足，Hadoop 在发展过程中进行了不断的改良，自 2007 年推出首个版本以来，现在已经先后推出数十个版本。

2.2.2 MapReduce 技术

MapReduce 是面向大数据并行处理的计算模型、框架和平台，它隐含了以下三层含义：

（1）MapReduce 是一个基于集群的高性能并行计算平台（Cluster Infrastructure）。它允许用市场上普通的商用服务器构成一个包含数十、数百至数千个节点的分布和并行计算集群。

（2）MapReduce 是一个并行计算与运行软件框架（Software Framework）。它提供了一个庞大但设计精良的并行计算软件框架，能自动完成计算任务的并行化处理，自动划分计算数据和计算任务，在集群节点上自动分配和执行任务以及收集计算结果，将数据分布存储、数据通信、容错处理等并行计算涉及的很多系统底层的复杂细节交由系统负责处理，大大减少了软件开发人员的负担。

（3）MapReduce 是一个并行程序设计模型与方法（Programming Model & Methodology）。它借助于函数式程序设计语言 Lisp 的设计思想，提供了一种简便的并行程序设计方法，用 Map 和 Reduce 两个函数编程实现基本的并行计算任务，提供了抽象的操作和并行编程接口，以简单方便地完成大规模数据的编程和计算处理。

MapReduce 的推出给大数据并行处理带来了巨大的革命性影响，使其已经成为事实上的大数据处理的工业标准。尽管 MapReduce 还有很多局限性，但人们普遍认为 MapReduce 是截至目前最为成功、最广为接受和最易于使用的大数据并行处理技术。MapReduce 的发展普及和带来的巨大影响远远超出了发明者和开源社区当初的意料，以至于马里兰大学教授 Jimmy Lin 在 2010 年出版的《Data-Intensive Text Processing with MapReduce》一书中提出：MapReduce 改变了我们组织大规模计算的方式，它代表了第一个有别于冯·诺依曼结构的计算模型，是在集群规模而非单个机器上组织大规模计算的新的抽象模型上的第一个重大突破，是截至目前所见到的最为成功的基于大规模计算资源的计算模型。

2.2.3 Bigtable 技术

Bigtable 是一个分布式的结构化数据存储系统，它被设计用来处理海量数据——通常是分布在数千台普通服务器上的 PB 级的数据。Google 的很多项目使用 Bigtable 存储数据，包括 Web 索引、Google Earth、Google Finance。这些应用对 Bigtable 提出的要求差异非常大，无论是在数据量上（从 URL 到网页到卫星图像）还是在响应速度上（从后端的批量处理到实时数据服务）。尽管应用需求差异很大，但是，针对 Google 的这些产品，Bigtable 还是成功地提供了一个灵活的、高性能的解决方案。

2.3　软硬件支持

以虚拟化的硬件体系为基础，以高效服务管理为核心，提供自动化的、具有高度可伸缩性的、虚拟化的软硬件资源服务。

2.3.1　云计算平台

云计算平台及云计算中心操作系统，是负责云计算数据中心基础软硬件资源管理监控的系统软件。通过基础软硬件监控、分布式文件系统和虚拟计算，云计算中心操作系统实现了云基础设施即服务层，通过安全管理中心实现了资源多用户共享的数据和信息安全，通过节能管理中心有效实现了基础资源的绿色、低碳运维。而通过业务与资源调度中心，则实现了云平台即服务层的部分内容。

2.3.2　Hypervisors-虚拟机监视器

一种运行在基础物理服务器和操作系统之间的中间软件层，可允许多个操作系统和应用共享硬件。也可叫做 VMM（Virtual Machine Monitor），即虚拟机监视器。

Hypervisors 是一种在虚拟环境中的"元"操作系统。它们可以访问服务器上包括磁盘和内存在内的所有物理设备。协调对这些硬件资源的访问，同时在各个虚拟机之间施加防护。当服务器启动时它会加载所有虚拟机客户端的操作系统，同时会分配给每一台虚拟机适量的内存、CPU、网络和磁盘。

目前市场上的主要厂商及产品：VMware vSphere、微软 Hyper-V、Citrix XenServer、IBM PowerVM、Red Hat Enterprise Virtulization、开源的 KVM、Xen、Virtual BSD 等。

2.4　云计算的特点

2.4.1　分布式系统

分布式系统的最大优势就是其具有比集中式系统更好的性能价格比，用户花少量的钱就能获得高效能计算。由于"云"的特殊容错措施可以采用极其廉价的节点来构成云，"云"的自动化集中式管理使大量企业无需负担日益高昂的数据中心管理成本，"云"的通用性使资源的利用率较传统系统大幅提升，用户可以充分享受"云"的低成本优势。

2.4.2　虚拟化

云计算支持用户在任意位置、使用各种终端获取应用服务。所请求的资源来自"云"，而不是固定的有形实体。应用在"云"中某处运行，用户无需了解、也不用担心应用运行的具体位置。只需要一台笔记本或者一个手机，就可以通过网络服务来实现我们需要的一切，甚至包括超级计算这样的任务。

2.4.3 高可靠性

冗余不仅是生物进化的必要条件，而且也是信息技术高可靠性的保证。现代分布式系统具有高度容错机制，关键系统主要采用分布式来实现高可靠性。

2.4.4 充分利用互联网资源

"云"提供了存储和管理数据所需的足够空间，也为完成各类应用提供了无限大的计算能力。在服务端，是数以万千的服务器组成的庞大集群来计算、处理和保存数据，抵御网络攻击。

2.5 云计算所面临的风险

2.5.1 用户认识不足

尽管云计算在国内已经得到了广泛的宣传，并且已经出现了若干典型的用户和案例。但是企业和最终用户对云计算仍然缺乏了解和认识，特别是在具体的业务和应用上，云计算可以带来怎样的变革和收益，仍然是不够清晰的。在这种情况下，云计算真正落地会遇到很多困难。

2.5.2 硬件迁移风险

云计算的一个重要特征就是会改变传统的应用交付方式，也会改变传统的数据中心运营模式。这种变革，势必会带来一定程度的风险。这种风险包括硬件迁移风险和应用移植风险。硬件迁移风险指的是，在传统数据中心中，硬件都相对独立，但在云计算平台中，基于虚拟化的模式会导致硬件界限不再那么明显，而是以虚拟机的形式在硬件设备间按照负载均衡和提高利用率的原则进行灵活迁移。这就对传统硬件的部署方式提出了挑战，如果缺乏系统的评估和科学的分析，就会导致硬件平台无法发挥出应有的效能，甚至导致应用系统的崩溃。

2.5.3 应用移植风险

应用移植风险指的是原有应用，如 CAD 应用、ERP 应用、BIM 应用等，在传统数据中心中是部署在相对独立的硬件系统中的，包括存储也会存在一定的应用独立性。但在云计算平台中，应用会部署到不同的硬件，甚至是操作系统上，能否实现应用的无缝迁移，是保证计算成功的重要内容。如果在云计算平台上广泛采用虚拟化技术，又会涉及虚拟机迁移和操作系统的兼容性，这一方面的因素也会影响到应用的可用性。

2.5.4 安全性

云计算平台的安全问题由两方面构成。一是数据本身的保密性和安全性，因为云计算平台，特别是公有云计算平台的一个重要特征就是开放性，各种应用整合在一个平台上，对于数据泄漏和数据完整性的担心，都是云计算平台要解决的问题。这就需要从软件解决方案，从规划角度进行合理而严谨的设计。二是数据平台上软硬件的安全性，如果由于软件错误或者硬件崩溃导致应用数据损失，都会降低云计算平台的效能。这就需要采用可靠的系统监控、灾难恢复机制以确保软硬件系统的安全运行。

2.5.5 服务等级协议

云计算所面临的挑战，除了在系统方面的风险外，如何符合用户要求的服务也是非常重要的。因为相对于传统数据中心，云计算所提供的服务尽管更加丰富，但是也会给用户带来难以控制的担心，通过对用户的需求进行分析，提出合理、可执行的服务等级协议（SLA），将在很大程度上帮助用户树立对云计算服务的信心。

2.6 大数据与云计算的关系

2.6.1 大数据与云计算相同之处

大数据与云计算都是为数据存储和处理服务的，都需要占用大量的存储和计算资源，而且大数据用到的海量数据存储技术、海量数据管理技术、MapReduce 并行处理技术等都是云计算的关键技术。

2.6.2 大数据与云计算差异

云计算的目的是通过互联网更好地调用、扩展和管理计算及存储资源和能力，以节省企业的 IT 部署成本，其处理对象是 IT 资源、处理能力和各种应用。

大数据使得企业从"业务驱动"转变为"数据驱动"，从而改变了企业的业务架构，其直接受益者不是 IT 部门，而是业务部门，产业发展的主要推动力量是从事数据存储与处理的软件厂商和拥有大量数据的企业。

2.6.3 云计算和大数据融合

云计算和大数据实际上是工具与用途的关系，即云计算为大数据提供了有力的工具和途径，大数据为云计算提供了很有价值的用武之地。而且，从所使用的技术来看，大数据可以理解为云计算的延伸。

大数据与云计算相结合，可以发挥各自的优势。云计算能为大数据提供强大的存储和计算能力，更加迅速地处理大数据的丰富信息，并更方便地提供服务；而来自大数据的业务需求，能为云计算的落地找到更多更好的实际应用。当然，大数据的出现也使得云计算会面临新的考验。

2.7 BIM 与云计算融合

2.7.1 提高 BIM 软件性能

BIM 软件每年新版本增加的新功能模块令人不忍不追，同时又对计算机的运算能力带来巨大的挑战，极大地限制了项目层面的应用，是企业全面推广 BIM 的严重顾虑之一。云计算的最基本优势就是具有整合 CPU 的能力，满足 BIM 对硬件资源的特殊要求。

2.7.2 减少 BIM 软件资源投入

虽然云策略不能减少正版 BIM 软件应用许可数量，但能够极大地方便企业进行 BIM 软件管理和许可申请。许多软件都有网络版或支持多用户申请模式，这种系统可以保证任何人只要有空余的软件许可，在任何一个工作站点上都可以运行软件。

2.7.3 减少 BIM 硬件资源投入

云工作站的建立解决了 BIM 所要求的运算能力问题。虚拟化策略是建立高性能图形工作站云的另一项核心技术。采用虚拟方式，一方面使硬件和网络设备性能得到改善，另一方面降低了各方面费用。若不采用虚拟存储方式，将需要用大量的人力来维护管理这些数据，通过综合应用这种虚拟软件，可以减少手提或台式计算机费用。

2.7.4 解决 BIM 正向设计即时协同

BIM 正向设计肯定会涉及各个专业在同一模型上进行工作，例如结构、机电、消防等协作完成整体设计。如果没有云技术，各合作设计企业只能通过 FTP 或网站定时交换数据模型信息，项目即时协同工作非常难以操作。运用基于云计算平台的云工作站可以保证各合作设计企业内外所有的专业之间实现真正的即时协同工作。

2.7.5 解决信息协同共享

随着企业越来越多的设计人员在异地工作，对随时随地登录到企业的协同设计系统具有强烈需求。但目前，BIM 应用程序都放在个人电脑里，数据也是分散的存储，这就很难做到数据信息协同共享。通过建立云平台，设计人员可以随时随地启用位于云工作站里的高性能图形工作站进行协同设计，共享设计数据。

2.8 应用案例：上海市白龙港污水处理厂提标改造工程

2.8.1 项目背景

上海市白龙港污水处理厂位于浦东新区合庆镇，历经多次改扩建，形成了 2004 年建成的 120 万 m^3/d 一级强化处理设施，2008 年建成的 200 万 m^3/d 二级出水标准处理设施，以及 2013 年新建成的 80 万 m^3/d 一级 B 出水标准处理设施，目前总处理能力 280 万 m^3/d，工程服务面积约 995km^2，规划服务人口约 900 万～950 万人，服务范围包括南汇区（现属浦东新区）及部分中心城区，项目自建成运行至今，每日处理污水量 220 万～240 万 m，雨天最高可达 334 万 m^3/d，为上海市的环境保护和 COD 减排作出了巨大贡献。

2.8.2 平台概况

上海市白龙港污水处理厂提标改造工程由项目建设单位牵头建立了项目工程建筑信息模型管理系统。项目建设单位利用该系统进行漫游演示、查看项目进度、管理施工质量等，如图 2-1 所示。

图 2-1　基于私有云的工程项目管理平台界面

2.8.3　平台主要功能

本平台由建设方统筹协调项目各参与方，将 BIM 技术应用到包括施工组织阶段、施工阶段在内的全生命周期中。主要包括如下内容：

（1）实现仿真漫游：基于设计模型导出可供漫游的三维模型，用于沟通及优化方案。

（2）施工方案模拟：主要包括打桩、基坑开挖、主体构筑物施工、设备安装等施工过程的施工模拟。模型应当表示施工过程中的活动顺序、相互关系及影响、措施等施工管理信息。施工方案可行性报告。报告应当通过三维建筑信息模型论证施工方案的可行性，并记录不可行施工方案的缺陷与问题。

（3）进度对比：通过 BIM 模型和进度计划软件的数据集成，形成 4D 模型，模拟各阶段的施工情况，检查施工方案可行性，实现未建先视，优化施工组织方案；可根据现场情况随时调整计划。

（4）施工监测和管理：对重大风险区域进行视频监控并通过电子传感器等设备进行实时监测管控。

（5）质量与安全管理：基于 BIM 技术的质量与安全管理是通过现场施工情况与模型的比对，提高质量检查的效率与准确性，并有效控制危险源，进而实现项目质量、安全可控的目标。

（6）设备和材料管理：运用 BIM 技术达到按施工作业面配料的目的，实现施工过程中设备、材料的有效控制，提高工作效率，减少不必要的浪费。

（7）竣工模型构建：在建筑项目竣工验收时，将竣工验收信息添加到施工作业模型，并根据项目实际情况进行修正，以保证模型与工程实体的一致性，进而形成竣工模型，以满足交付及运营的基本要求。

（本项目由上海市政工程设计研究总院（集团）有限公司提供）

2.9　应用案例：基于华为云的 SIMULIA Abaqus 方案

2.9.1　项目背景

随着现代科学技术的发展，人们正在不断建造更为快速的交通工具、更大规模的建筑物、更大跨度的桥梁、更大功率的发电机组和更为精密的机械设备，因此，要进行 CAE 分析设计就必须获得更高的计算能力，主要表现在：

（1）要处理更多的工程数据：现代勘探和测量技术的发展，使得在设计、生产或施工前后都能获得大量的数据，数据的及时有效处理能为后续的生产或施工提供有力的指导；

（2）要处理更大规模的问题：为了提高分析的精度，必须采用更精密的网格划分、模拟更加精细的结构，使得问题规模不断扩大；

（3）要完成更加困难的分析：在分析中要考虑更多的影响因素，不仅要处理线弹性问题，还要处理非线性、塑性、流变、损伤以及多物理场的耦合等问题，分析起来更加困难；

（4）要进行更深层次的优化：为了降低成本、提高经济效益，对设计要反复进行优化，而且优化的规模也日渐增加。

因此，如何提高求解效率就成为比较重要的问题。这将使 CAE 工程师能更快、更好地解决更大、更难的实际工程和产品设计问题，从而创造更多的价值。

传统有限元方法模拟吊装需要应用刚体方法获得不同位置时每根绳索的力，再把这些力施加到钢筋笼上，对钢筋笼每个独立位置进行有限元分析。本案例应用有限元分析软件 Abaqus 对钢筋笼进行数值模拟，利用 Abaqus 的 Slip Ring 单元对滑轮的运动进行模拟，避免了传统方法由于钢筋笼自身变形带来的误差，特别是对于像 GFRP 钢筋笼此类大变形结构，如果采用传统方法会有很大误差。另外，本案例还应用多学科多目标优化软件 Isight 对地下连续墙钢筋笼吊点位置进行了优化。

2.9.2　实施环境

本项目为提高效率，采用达索提供的 Abaqus 和 Isight 软件及华为提供的云平台硬件。具体参数如表 2-1 所示。

华为云平台基本参数　　　　　　　　　　　　　　　　表 2-1

系统名称	基本参数
测试提交	DS-SIMULIA-CHINA
Abaqus 版本	Abaqus2017
内存（default Abaqus setting）	90%
计算机系统	Huawei Cloud HPC
操作系统	SLES 11 SP4
处理器	Intel（R）Xeon（R）CPU E5-2667 v4 @ 3.20GHz
核/socket	16

2.9.3　硬件环境测试结果

在华为云平台下 Abaqus/Standard 一些测试结果如表 2-2 所示。

华为云平台下不同测试算例用时（s）　　　　　　　　表 2-2

核数	算例 1	算例 2	算例 3	算例 4	算例 5	算例 6	算例 7	算例 8	算例 9
1	24	638	248	2056		626	3050	3253	
2	16	354	157	1165	单节点内存不足以 IO	372	1902	1823	单节点内存不足以 IO
4	12	195	103	689		231	1286	1035	
8	11	117	79	439		167	1094	642	
16	11	80	71	325		159	1043	455	

续表

核数	算例 1	算例 2	算例 3	算例 4	算例 5	算例 6	算例 7	算例 8	算例 9
32	10	60	47	256	8043	142	751	330	9250
64	6	46	34	186	4861	108	580	206	5770
128	6	40	25	105	3503	101	431	165	3441

加速比如图 2-2 所示。

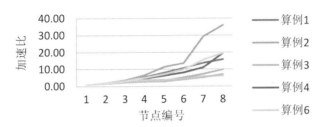

图 2-2　华为云平台下不同核数的加速比

注：节点编号 1～8 分别对应核数 1～128。

从图 2-2 可以看出，即便在 8 节点（128 核）时，大部分算例都能保证较好的加速比。

2.9.4　实施方案

如图 2-3 所示，某地下连续墙钢筋笼吊装，该地下连续墙钢筋笼长 45.8m、宽 6m、厚 0.86m。

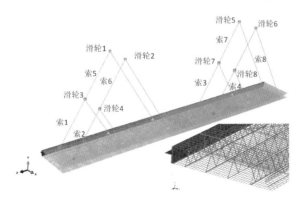

图 2-3　钢筋笼吊装示意图

分析采用 Abaqus 三维有限元分析软件，地下连续墙钢筋笼有限元模型所有单元模型采用 B31 梁单元和 S3R 壳单元模拟，吊装结构还包含 8 条绳索和 8 个滑轮，绳索应采用只抗拉、不抗压和弯的索单元模拟，而滑轮利用 Abaqus 的 Slip Ring 连接单元模拟，该单元能很好地模拟滑轮的力学特性。

2.9.5　应用效果

在华为云平台下应用 Abaqus 软件对地下连续墙钢筋笼吊装过程进行受力分析，并结合 Isight 软件优化吊点位置。

（1）和传统的应用刚体力学方法计算绳索的拉力，然后把获得的绳索拉力施加在地下连续墙钢筋笼结构上分析钢筋笼的受力情况不同，该分析方法直接用 Abaqus 的滑轮单元自动平衡重力，获得平衡点的绳索拉力和钢筋笼的应力变形情况，可以更精确分析大变形问题，同时也可以实现吊装过程而不是几种吊装状态的模拟，自动平衡重力的实现也为优化的实现提供了条件。

（2）应用简化模型和 Isight 软件自动对地下连续墙钢筋笼吊点位置进行优化，大大提高了优化效率，为吊装提供了安全保障。

（3）华为云平台提供了强大的硬件保障。

（4）更进一步还可以对吊机的运动轨迹进行优化。

（本项目由达索析统（上海）信息技术有限公司提供）

第3章 物 联 网

物联网是在计算机互联网的基础上，利用RFID、新型传感器、无线数据通信等技术，构造一个覆盖世界上万事万物的物物相连的互联网。在这个网络中，物品之间、人与物之间能够彼此进行"交流"，通过计算机互联网实现物品的自动识别、定位、跟踪以及信息的互联、共享和管理。

3.1 技术背景

3.1.1 物联网产生意义

自2009年8月提出"感知中国"以来，物联网被正式列为国家五大新兴战略性产业之一，并被写入"政府工作报告"，物联网在中国受到了全社会极大的关注，其受关注程度是在美国、欧盟以及其他各国不可比拟的。

物联网的基本思想出现于20世纪90年代末，当时叫传感网。在2005年信息社会世界峰会上，国际电信联盟（ITU）正式提出了"物联网"的概念。物联网利用通信技术把传感器、控制器、机器、人员和物品等通过新的方式联在一起，使人与物、物与物相联，互连信息空间的概念将从人与人之间的联系拓展到随时随地的人与物、物与物的交流与沟通，如图3-1所示。

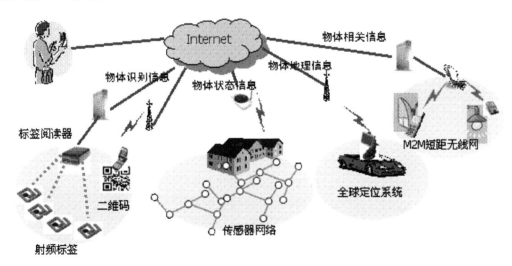

图3-1 物联网体系结构

物联网的提出突破了将物理设备和信息传送分开的传统思维，实现了物与物的交流，体现了大融合理念，具有很大的战略意义。过去的思路一直是将物理基础设施和IT基础设施分开，一方面是桥梁、道路等构筑物，另一方面是数据中心、个人电脑、宽带等。而在物联网时代，就是把各种感应器、传感器嵌入和装备到桥梁、隧道、公路、建筑、供水系统等各种物体中，然后将物联网与现有的互联网整合起来，实现人类社会与物理系统的整合，在这个整合的网络当中，存在能力超级强大的中心计算机群，能够对整合网络内的人员、机器、设备和基础设施实施实时的管理和控制。

物联网是通信网络的延伸，能够使我们的社会更加自动化，降低生产成本和提高生产效率，提升企业综合竞争能力；借助通信网络，能够更加及时地获取远端的信息，让我们的生活更加便利，让生产更加安全；能够实现全过程的安全监管和监控，及时发现安全隐患；能够整体提高社会的信息化程度。总体来说，物联网将在提升信息传送效率、改善民生、提高生产率、降低管理成本等社会各方面发挥重要作用。

3.1.2 物联网定义

物联网的英文名称为 The Internet of Things（简称 IOT），是一个基于互联网、传统电信网等信息承载体，让所有能够被独立寻址的普通物理对象实现互联互通的网络。其定义是：通过射频识别（RFID）、红外感应器、全球定位系统、激光扫描器等信息传感设备，按约定的协议，把任何物品与互联网相连接，进行信息交换和通信，以实现智能化识别、定位、跟踪、监控和管理的一种网络概念。"物联网概念"是在"互联网概念"的基础上，将其用户端延伸和扩展到任何物品与物品之间，进行信息交换和通信的一种网络概念。

3.1.3 物联网发展与形成

物联网发展跟互联网是分不开的，主要包含两个层面的意思：

第一，物联网的核心和基础仍然是互联网，它是在互联网基础上的延伸和扩展；

第二，物联网是比互联网更为庞大的网络，其网络连接延伸到了任何物品和物品之间，这些物品可以通过各种信息传感设备与互联网连接在一起，进行更为复杂的信息交换和通信。

从物联网本质分析，它是信息技术发展到一定阶段后出现的一种聚合性应用与技术提升，是将各种感知技术、现代网络技术和人工智能与自动化技术聚合与集成应用实现人与物对话，创造智慧的世界。被称为信息产业第三次浪潮（PC 机时代、互联网时代、物联网时代）。

3.1.4 物联网三大特征

（1）全面感知：利用 RFID、传感器、二维码等随时随地获取物体的信息，如图 3-2 所示。

（2）可靠传递：通过无线网络与互联网的融合，将物体的信息实时准确地传递给用户。

（3）智能处理：利用云计算、数据挖掘以及模糊识别等人工智能技术，对海量的数据和信息进行分析和处理，对物体实施智能化的控制，如图 3-3 所示。

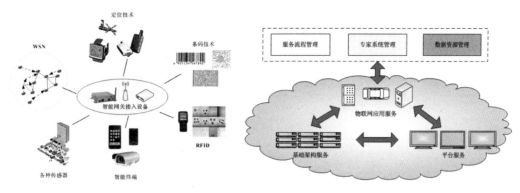

图 3-2　物联网定位技术　　　　　　图 3-3　物联网云计算架构

3.2　技术原理

物联网是典型的交叉学科，它所涉及的核心技术包括 IPv6 技术、云计算技术、传感技术、RFID 智能识别技术、无线通信技术等。因此，从技术角度讲，物联网主要涉及的专业有：计算机科学与工程、电子与电气工程、电子信息与通信、自动控制、遥感与遥测、精密仪器、电子商务等。

3.2.1　物联网系统三层次

感知层是物联网全面感知的基础，网络层是物联网无处不在的前提，应用层是物联网智能处理的中枢。

1. 感知层

感知层是感知系统层面，位于物联网层次结构中的最底层，感知即采集物理世界中发生的物理事件和数据，通常包括各类物理量、标识、音视频数据等。感知层通过物品标识信息（一维/二维条码）、射频识别（RFID）、传感器、红外感应器、全球定位系统等信息传感装置自动采集和自动控制，并通过通信模块将物理实体的信息连接到传感器网络和应用层，完成互联网全面感知，如图 3-4 所示。

2. 网络层

网络层处于物联网层次结构中的第二层，将感知层收集到的物理实体的信息无障碍、高可靠性、高安全性地传输至应用层。是搭建物联网的网络平台，建立在现有的移动通信网、互联网和其他专网的基础上，通过各种接入设备与上述网络相连，信息可以经由任何一种网络或几种网络组合的形式进行传输。物联网的网络层通常还包括物联网的管理中心和信息中心，以提升信息的传输和运营能力，如图 3-5 所示。

3. 应用层

应用层主要包含应用支撑平台子层和应用服务子层，位于物联网层次结构中的最上层，是物联网的核心和灵魂，其中应用支撑平台子层用于支撑跨行业、跨应用、跨系统之间的信息协同、共享、互通的功能；应用服务子层包括智能交通、绿色农业、智能制造、动植物检验检疫、远程医疗与教育、公共安全、军事、食品溯源、智慧城市管理、智能物流等行业或跨行业的应用，如图 3-6 所示。

23

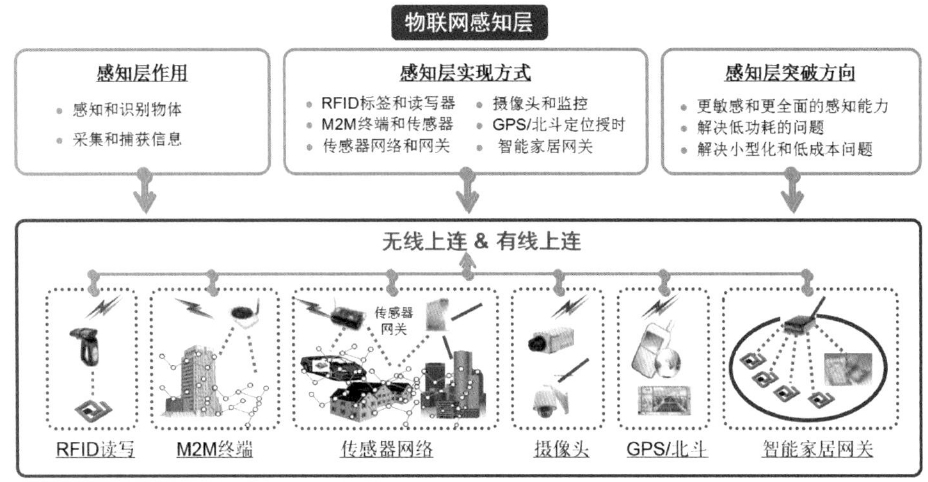

物联网感知层
感知层作用
感知和识别物体
采集和捕获信息
感知层实现方式
RFID标签和读写器
M2M终端和传感器
传感器网络和网关
摄像头和监控
GPS/北斗定位授时
智能家居网关
感知层突破方向
更敏感和更全面的感知能力
解决低功耗的问题
解决小型化和低成本问题
无线上连 & 有线上连
传感器网关
RFID读写
M2M终端
传感器网络
摄像头
GPS/北斗
智能家居网关

图 3-4　物联网技术体系架构（感知层）

物联网网络层
网络层作用
连接感知层和应用层
随时随地的连接实现
当前最成熟的部分
网络层主要层次
接入网：无线/光纤各种类型的接入形式
核心网：统一IP协议上的大带宽的可靠网络
业务支撑平台：业务统一管理部署和运营支撑
网络层突破方向
扩展规模，以实现无处不在
业务可扩展的管理运营能力
简化结构，上下层面融合
统一IP协议有效降低实现成本
规模扩展带来发展动力
业务平台
鉴权平台
计费平台
经营分析平台
CPE
业务支撑平台
提供终端和业务的通道和联动控制逻辑
实现不同终端和业务统一管理、部署和扩展
针对客户提供用户自定义业务环境和接口
核心网络&业务网关
统一IP协议的高效率的核心网络/设备/接口
针对海量流量和高可靠性要求的拓扑和机制
边缘业务控制实现业务感知、控制和策略转发
接入网络
无线接入：2G/3G/LTE/WLAN/WiMax
有线接入：光纤（PON）和铜线（xDSL）
汇集承载：IP化传输网络（PTN/CE）

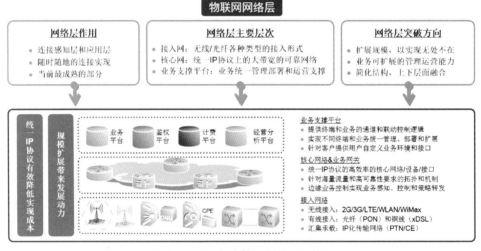

图 3-5　物联网技术体系架构（网络层）

物联网应用层
应用层作用
信息技术与行业专业技术结合
实现广泛智能化应用的解决方案集合
应用层主要应用方向
智能家居
智能交通
智能城管
智能电力
智能医疗
智能通信服务
应用层突破方向
信息技术与行业的深度融合
信息的社会化共享和安全保障
基于云计算的应用整体架构
云计算是应用大规模部署关键
云计算资源
计算能力
存储能力
全局控调
云计算业务
SaaS
PaaS
IaaS
云计算的意义
适应业务量增长不确定性的弹性架构体系
适应海量数据计算和存储的低成本曲线的架构
适应开放式的应用提供和部署环境
IT架构和商业模式转变的关键
物联网应用发展六热点大领域
智能家居
智能电力
智能交通
智能医疗
智能城管
智能通信服务
六大热点涵盖了主要应用集和投资方向

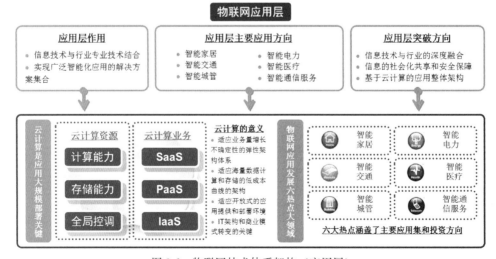

图 3-6　物联网技术体系架构（应用层）

3.2.2　无线射频识别技术（RFID）

无线射频识别技术（Radio Frequency Identification，简称 RFID），或称射频识别技术，是从 20 世纪 90 年代兴起的一项非接触式自动识别技术。它利用射频方式进行非接触双向通信，以达到自动识别目标对象并获取相关数据的目的，具有精度高、适应环境能力强、抗干扰能力强、操作快捷等许多优点。

作为物联网最关键的技术之一，典型的射频识别系统由电子标签、读写器和信息处理系统组成。当带有电子标签的物品通过特定的信息读写器时，无线电波可将标签中携带的信息传送到读写器以及信息处理系统，完成自动采集，实现物品的高效化管理。每个射频识别电子标签仅有唯一的识别码，当 RFID 产品使用不同的标准时，物品的识别就受到了限制，如图 3-7 所示。

目前，一些知名公司各自推出了自己的很多标准，这些标准互不兼容，表现在频段和数据格式上的差异。全球有两大 RFID 标准阵营：欧美的 Auto-ID Center 与日本的 Ubiquitous ID Center（UID）。欧美的 EPC 标准采用 UHF 频段，为 860～930MHz，日本的 RFID 标准采用的频段为 2.45GHz 和 13.56MHz；日本标准电子标签的信息位数为 128 位，EPC 标准电子标签的信息位数则为 96 位。

RFID 标签按供电方式分为有源卡和无源卡：

有源卡是指卡内有电池提供电源，其作用距离较远，但寿命有限、体积较大、成本高，且不适合在恶劣环境下工作。

无源卡内无电池，它利用波束供电技术将接收到的射频能量转化为直流电源为卡内电路供电，其作用距离相对有源卡短，寿命长且对工作环境要求不高，如图 3-8 所示。

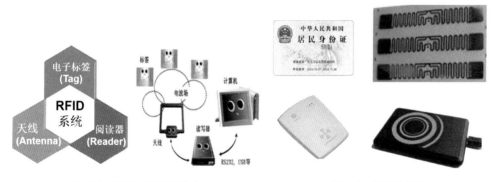

图 3-7　RFID 系统的组成　　　　　　　图 3-8　RFID 标签

3.2.3　无线传感器网络（WSN）

无线传感器网络（Wireless Sensor Networks，简称 WSN）是集计算机、通信、网络、智能计算、传感器、嵌入式系统、微电子等多个领域交叉综合的新兴学科，它将大量的多种类传感器节点（传感、采集、处理、收发、网络于一体）组成自治的网络，实现对物理世界的动态智能协同感知，如图 3-9 所示。无线传感器网络的发展最初起源于战场监测等军事应用。而现今无线传感器网络被应用于很多民用领域，如环境与生态监测、健康监护、家庭自动化、交通控制等。

无线传感器网络的每个节点除配备了一个或多个传感器之外，还装备了一个无线电收发器、一个很小的微控制器和一个能源（通常为电池），如图 3-10 所示。单个传感器节点的尺寸大到一个鞋盒，小到一粒尘埃。传感器节点的成本也是不定的，从几百美元到几美分，这取决于传感器网络的规模以及单个传感器节点所需的复杂度。传感器节点尺寸与复杂度的限制决定了能量、存储、计算速度与带宽受限。

传感器网络由三部分组成，即 WSN 硬件、WSN 软件与网络协议。

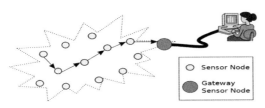

图 3-9　无线传感器网络　　　　　图 3-10　传感器节点

3.2.4　公共技术

（1）编码技术：物品编码是物联网的基础，是物品在信息网络中的身份标识。没有物品编码，网络中就没有"物"。

（2）标识技术：标识存在于我们的生活中，当然在物联网中也存在，通过对物品的标识能够使我们清楚物品的各种信息。这一点对于信息的采集是非常重要的，如果没有对物品的标识，就没有办法对物品信息进行采集，这样就使得在物联网末端的信息采集没有办法进行，那物联网"物物相连"的最终目标就没有办法达成。

（3）解析技术：编码解析是实现信息互通的核心，如果说物品编码实现了"物"与信息网络的互联，那么物品编码的解析则是实现信息的互通，物品编码的解析需要由一系列的技术标准、管理标准、法律法规来支持。

（4）信息服务：物联网信息服务（IOT Information Service，简称 IOT-IS）是物联网中信息处理和发布的信息服务系统。典型的物联网信息服务系统是 EPC 系统中的信息服务系统 EPCIS（EPC Information Service）。

（5）安全技术：物联网系统越来越广泛地应用于生产和生活的各个方面，特别是在军事、医疗和交通运输等方面的应用关系到人民的生命和国家的稳定。由于物联网连接和处理的对象主要是机器或物以及相关的数据，其"所有权"特性导致物联网信息安全要求比以处理"文本"为主的互联网要高，对"隐私权"保护的要求也更高，此外还有可信度问题，由此针对物联网系统的安全需求，应当采用成熟的网络安全技术对不同的网络层实施保护。

（6）中间件技术：中间件（Middleware）是位于平台（硬件和操作系统）和应用之间的通用服务，这些服务具有标准的程序接口和协议。针对不同的操作系统和硬件平台，中间件中必须要有一个通信中间件，即中间件＝平台＋通信。

3.3　传感器硬件设备

传感器是一种检测装置，能感受到被测量的信息，并能将感受到的信息按一定规律变换成为电信号或其他所需形式的信息输出，以满足信息的传输、处理、存储、显示、记录和控制等要求。

3.3.1　温度传感器

常见的温度传感器包括热敏电阻、半导体温度传感器以及温差电偶，如图 3-11 所示。

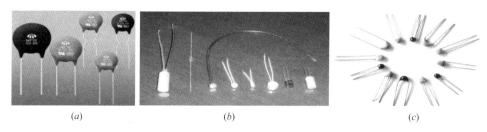

图 3-11　温度传感器
（a）热敏电阻；（b）半导体温度传感器；（c）温差电偶

热敏电阻主要利用各种材料电阻率的温度敏感性来探测温度，根据材料的不同，热敏电阻可以用于设备的过热保护以及温控报警等。

半导体温度传感器利用半导体器件的温度敏感性来测量温度，具有成本低廉、线性度好等优点。

温差电偶则是利用温差电现象，把被测端的温度转化为电压和电流的变化；由不同金属材料构成的温差电偶，能够在比较大的范围内测量温度，例如－200～2000℃。

3.3.2　压力传感器

压力传感器是能感受压力信号，并能按照一定的规律将压力信号转换成可用可计量电信号的器件或装置。压力传感器通常由压力敏感元件和信号处理单元组成。压力传感器有五种常见的类型：压电式压力传感器、陶瓷压力传感器、扩散硅压力传感器、蓝宝石压力传感器、压阻式力传感器，如图 3-12 所示。

图 3-12　压力传感器
（a）压电式压力传感器；（b）陶瓷压力传感器；（c）扩散硅压力传感器

3.3.3　湿度传感器

湿度传感器主要包括电阻式和电容式两类：电阻式湿度传感器也称为湿敏电阻，利用氯化锂、碳、陶瓷等材料电阻率的湿度敏感性来探测湿度；电容式湿度传感器又叫湿敏电容，利用材料介电系数的湿度敏感性来探测湿度，如图 3-13 所示。

图 3-13　湿度传感器

3.3.4　光传感器

光传感器可以分为光敏电阻和光电传感器两个大类：

（1）光敏电阻主要利用各种材料电阻率的光敏感性来进行光探测。

（2）光电传感器利用半导体器件对光照的敏感性来进行光探测。光敏二极管的反向饱和电流在光照的作用下会显著变大，而光敏三极管在光照时其集电极、发射极导通，类似于受光照控制的开关，如图 3-14 所示。

(a)　　　　　　　　　　　　(b)　　　　　　　　　　　　(c)

图 3-14　光传感器

（a）光敏电阻；（b）光敏三极管；（c）集成光传感器

3.3.5　霍尔传感器

霍尔传感器是利用霍尔效应制成的一种磁性传感器。霍尔效应是指：把一个金属或者半导体材料薄片置于磁场中，当有电流流过时，由于形成电流的电子在磁场中运动而受到磁场的作用力，会使得材料中产生与电流方向垂直的电压差。可以通过测量霍尔传感器所产生的电压的大小来计算磁场的强度。

霍尔传感器结合不同的结构，能够间接测量电流、振动、位移、速度、加速度、转速等，具有广泛的应用价值，如图 3-15 所示。

(a)　　　　　　　　　　　　(b)　　　　　　　　　　　　(c)

图 3-15　霍尔传感器

（a）霍尔转速传感器；（b）霍尔精密电流传感器；（c）霍尔流速传感器

3.3.6　微机电（MEMS）传感器

微机电系统的英文名称是 Micro-Electro-Mechanical Systems（简称 MEMS），是一种由微电子、微机械部件构成的微型器件，多采用半导体工艺加工而成。目前已经出现的微机电器件包括压力传感器、加速度计、微陀螺仪、墨水喷嘴和硬盘驱动头等。微机电系统的出现体现了当前的器件微型化发展趋势，如图 3-16 所示。

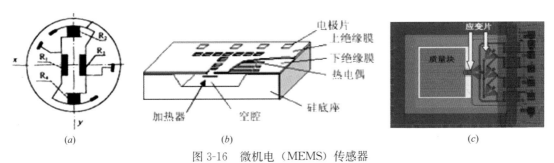

图 3-16　微机电（MEMS）传感器
（a）MEMS 压力传感器；（b）MEMS 气体流速传感器；（c）MEMS 加速度传感器

3.4　物联网应用

物联网的应用已经与互联网一样无孔不入，我国在《物联网"十二五"发展规划》中圈定了九大领域重点示范工程，分别是智能工业、智能农业、智能物流、智能交通、智能电网、智慧环保、智能安防、智能医疗、智能家居。

3.4.1　智慧城市

在近几年的智慧城市建设中，国内很多城市都在通过物联网推动市政基础设施智能化。比如大部分城市都在进行水、电、燃气的智能化改造，实现这些市政服务的信息统一，或者在城市排水管道、立交桥部署水位监测点，对城市排水做监测。这些数据一定程度上可以构建出城市运行状态，提高城市管理、调度效率。

3.4.2　智能交通

智能交通系统采用车联网、RFID 等技术，通过人、车、路的和谐、密切配合提高交通运输效率，缓解交通堵塞，提高路网通过能力，减少交通事故，降低能源消耗，减轻环境污染。

3.4.3　智慧环保

智慧环保借助物联网技术，把感应器和装备嵌入到各种环境监控对象（物体）中，通过超级计算机和云计算将环保领域的物联网整合起来，实现人类社会与环境业务系统的整合，以更加精细和动态的方式实现环境管理和决策的智慧。

3.4.4　智能安防

采用物联网技术中的红外感应、数字摄像、烟雾、燃气泄漏等无线传感网络技术，针对各类场所，建立从整个城市到具体某一房间的全方位立体防护。兼顾了整体城市管理系统、环保监测系统、交通管理系统、应急指挥系统等应用的综合体系。

3.5 应用案例：金山水厂二期

3.5.1 项目背景

金山水厂二期工程在一期工程的基础上扩建 20 万 m^3/d 规模的净水工艺，主要工程内容包括：扩建 20 万 m^3/d 规模的取水泵站，新建 $DN1400$ 的浑水管 8km，扩建增压泵站 2座，新建 $DN400 \sim 1600$ 的清水管约 37km，总投资 5.992 亿元。为今后进一步提高供水水质，工程预留 40 万 m^3/d 深度处理设施的用地。二期工程建成后将重点满足石化城区、枫泾地区的用水需求，从根本上改善以上地区的供水水质，同时作为其他地区供水的补充，供水范围可覆盖全区。该项目的实施对进一步推进金山区供水行业市场化、规模化、效益化具有极其重要的现实意义。

3.5.2 项目目标

通过法国达索系统公司 V6 平台系列软件建立完善、准确的金山水厂二期工程三维模型，在运维管理平台上（见图 3-17），输入主要的工艺、电气、仪表专业设备和主要管配件的信息，最终实现水厂整体的三维巡视漫游以及主要设备和管配件的信息查询，且可实现信息的人工输入修改功能，以上功能应在一个轻量化（三维模型固定不可修改）的软件平台中，以便于使用操作，总体技术方案如图 3-18 所示。

图 3-17 金山水厂二期运维管理平台

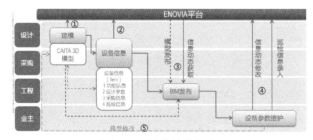

图 3-18 总体技术方案

（1）在易操作的轻量化软件平台中，可在厂区三维模型中任意漫游。另外应设置几条固定路径的水厂巡视路线，作为可选择的便捷功能，点击后即可自动按固定巡视路线行走，可随时中止行走查询设备信息。

（2）对主要的工艺、电气、仪表专业设备和主要管配件，应有信息查询功能。实现在模型中触及设备即可看到其信息的功能。

设备信息包括五大类：

1）功能信息。即设备和管件在水厂系统中的功能作用描述。

2）设计参数信息。即设备主要的设计参数，如水泵流量、扬程等。

3）设备采购信息。即设备的厂商、质保、备品备件等信息。

4）自动仪表控制信息。即设备仪表所探测的实时控制信息。

5）巡检维修信息。即运行使用过程中巡检和维修情况的信息描述。

（3）对设备和管配件信息，可实现人工输入修改，并可扩充其信息。对自动仪表控制参数，则探索实现仪表实时参数与三维信息平台的数据互通。

3.5.3 应用成果

应用成果见图 3-19～图 3-24。

图 3-19 设备的信息分类查询、信息交互

图 3-20 设备数量统计（按建筑单体/设备类型）

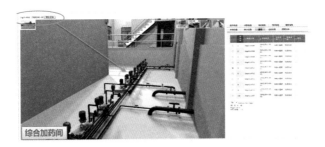

图 3-21 模型的快速空间定位

图 3-22　设计图纸联动查询

图 3-23　设备自控信息的读取和显示

图 3-24　水厂巡视

3.5.4　应用效果

（1）业主三维交互式体验/员工培训工具；

（2）为数字化的设施运行维护管理提供信息平台；

（3）对设备维修的快速响应；

（4）对设备维修计划的可视化管理；

（5）对水厂运行管理提供基础性的功能。

（本项目由上海市政工程设计研究总院（集团）有限公司提供）

3.6　应用案例：上海中心大厦智慧运营平台

3.6.1　项目背景

上海中心大厦项目建筑高度 632m，是中国已建成项目中的第一高楼，如图 3-25 所示。项目在设计和建造的过程中经历了许多困难和挑战，而 BIM 也在其中发挥了比较积极作用。随着 2013 年 8 月主体结构封顶之后，上海中心业主方开始考虑 BIM 技术在后期运维的具体落地与实施。其中有三个关键因素决定了上海中心启动 BIM 运维平台的研发工作。第一，创新性，从项目立项以来，上海中心一直保持着一种积极的、不断探索和创新的心态；第二，延续性，BIM 相关工作从设计阶段开始，不断地向后延续到施工，而运维阶段的 BIM 应用则成为最后一个环节；第三，必要性，这也是最重要的部分，上海中心成立了自己的物业管理公司，对于自持物业，BIM 运维平台的出现将会对今后物业管理公司的日常运营提供有力的技术支持。

图 3-25　上海中心大厦俯视效果图

通过前期的多方调研，结合项目自身的特点和需求，上海中心自主开发了 BIM 运维平台，通过 BIM 将虚拟的上海中心和实体的上海中心形成有效的对接，为操作和管理人员提供了更加有效的管理平台。在此平台上相继开发出了安全管理、空间管理、应急管理、设施设备维护管理、资产管理以及移动端等功能模块。同时结合大厦自身的 IBMS 以及物业管理软件（FM），根据制定的总体技术框架，将三者数据打通，形成了上海中心大厦独有的智慧运营管理体系。

3.6.2　实施环境

上海中心 BIM 运营平台采用 B/S 架构，这种架构的优势在于客户端免安装、易于维护、效率高。系统架构可分为三层：表现层、业务逻辑层、数据访问层。表现层为用户所使用的客户端，业务逻辑层为基于 BIM 的运营平台各项功能，数据访问层为由服务器端读写数据库中存储的模型数据及设备参数数据的功能，如图 3-26 所示。

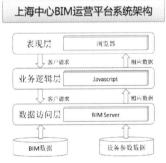

图 3-26　BIM 运营平台系统架构图

此外，上海中心还拥有 IBMS 平台以及物业管理平台，三个平台各司其职，BIM 平台主要提供静态信息，IBMS 平台提供传感器收集的监控、门禁等动态信息，而物业管理平台提供设备维护、租赁管理等传统业务流程管理，三个平台同大厦其他相关系统整合形成上海中心物业管理信息化平台，如图 3-27 所示。

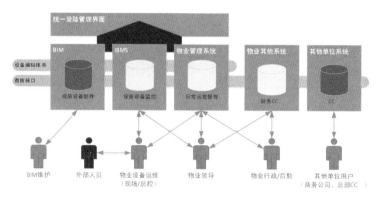

图 3-27　物业管理信息化平台架构图

3.6.3　实施方案

在 3D 引擎的选择上，充分考虑了该引擎的三维展示效果、数据安全性保障、平台扩展性等方面的内容，最终选择了超图 3D 引擎作为本项目的平台支撑。该平台在三维展示方面，起平台本身已有大数据量处理技术，采用 LOD 技术进行多层级展示，并采用实例化技术减小内存占用；在 BIM 数据支持方面，能很好地支持 BIM 模型数据导入，并具有针对 BIM 数据特性优化的展示性能，其新版本增加了对 BIM 标准格式——IFC 格式的支持；在可扩展性方面，GIS 为该平台的基础，可与 GIS 无缝对接，该引擎支持多平台开发，有着丰富的二次开发接口，并可提供定制化扩展；在数据安全方面，通过网络服务接口提供模型访问功能，保证数据安全。提供功能齐全的后台数据管理平台以及移动端离线数据加密功能等。

3.6.4　功能模块

1. 空间管理

在空间管理上，将办公空间、公共空间以及功能用房进行分类，并将每个空间与机电系统、末端进行关联。这样一方面可直观查看建筑内部空间的分布情况，另一方面也可通过交互实现便捷地查询空间使用情况，或对当前使用情况进行记录等。同时可查看其他相关信息，如面积、负责人、维护周期、最近维护日期等，提醒运维管理人员对公共空间的定期维护进行管理，如图 3-28 所示。

2. 设施设备维护管理

上海中心 BIM 运营平台针对设施设备维护管理设置了设备日常维护、设备应急维修、备品备件管理、维护周期管理等功能模块。其中设备日常维护功能可与上海中心 BIM 运营平台的手机端 APP 相关联。运维人员在巡检过程中发现设备存在问题时可利用手机端 APP 进行问题的上传，上传问题信息包括问题描述、现场照片等；另外，平台根据上传人员的账号为案件信息添加上报人、联系方式等信息，并自动添加上传时间信息。BIM 运营平台以列表的形式显示所有运维管理人员上报的问题，并按照未处理问题和已处理问题分类展示，如图 3-29 所示。

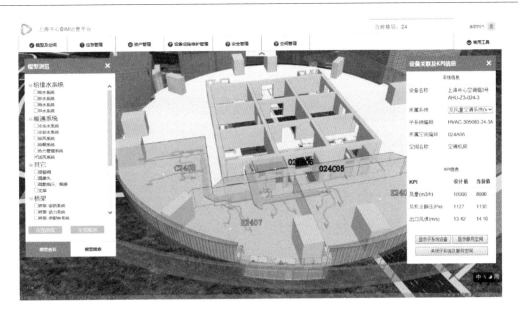

图 3-28　BIM 运营平台空间管理

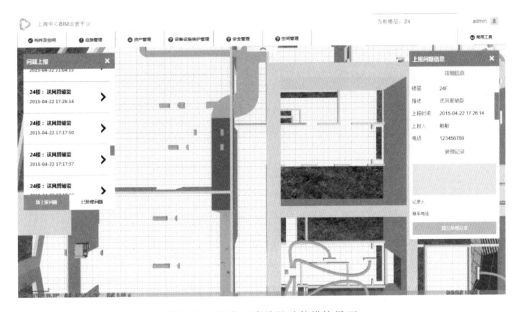

图 3-29　设备日常维护功能模块界面

3. 安全和应急管理

在安全和应急管理方面，将 BIM 模型与楼宇的监控、门禁系统相结合，可以在三维场景中查看各个摄像头及门禁设备的位置。摄像头设备加入了可视域的展示，在三维空间中以扇形的方式展示摄像头的监控范围，并以不同颜色表示摄像头的可见区域和盲区。点击模型可查看设备的静态信息，如设备型号、采购时间、IP 地址等，也可浏览设备的实时记录数据、监控系统摄像头的实时影像、门禁的进出人员记录，并可反向查询人员在当天通过的门禁记录等，如图 3-30 及图 3-31 所示。通过这些信息的展示为运维管理人员提供直观的安全管理视角。

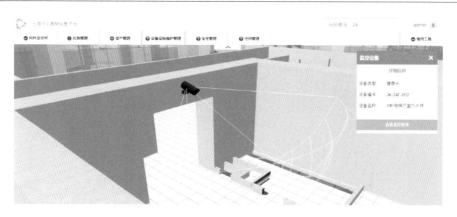

图 3-30　摄像头设备模型及信息展示

图 3-31　门禁设备模型及信息展示

在应急管理方面，将物业部门设定好的应急预案输入平台中，在三维模型中进行推演。多个预案可通过组合框的形式选择，加载预案后可模拟预案过程，支持模拟过程的播放、暂停、停止及速度调节。预案模拟包括各房间人员如何逃生，救护车、消防车等如何进场，管理人员或救火人员等如何前往事发点处理事故等，如图 3-32 所示，供管理人员学习、参考。

4. 资产管理

在资产管理部分设置了资产展示和资产汇总两个功能模块。资产展示功能通过三维模型展示资产在建筑中的分布位置、形状信息等，并将资产信息与模型连接，通过模型可快速得到该资产的全生命周期资产信息展示。资产汇总功能是对各类资产进行信息汇总，以表格的形式展示。汇总内容包括资产总和、新增资产、退出资产等方面。

5. 移动端功能

为了方便物业人员工作，同时开发了相应的移动端应用，可进行基于三维模型的基本操作。包含模型的三维控制浏览、专业切换和隐藏、BIM 模型的查找，还可根据专业和登录账号为模型创建相关联视点等。同时在移动端开发了巡检和问题上报的功能，可直接将巡检的情况或进行故障定位和处理的过程通过拍照和截图的方式在手机端完成，如图 3-33 所示。

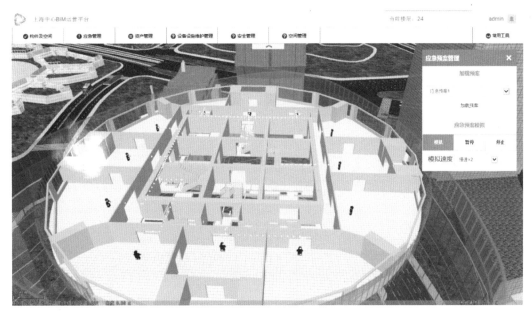

图 3-32　应急预案管理

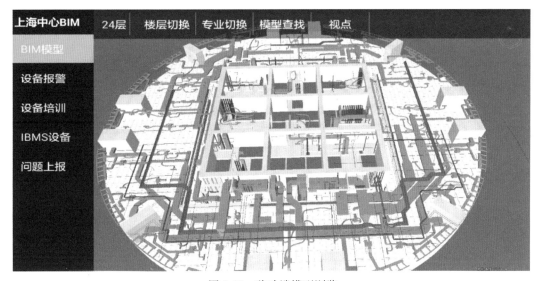

图 3-33　移动端模型浏览

3.6.5　应用效果

随着越来越多的超高层超大体量建筑的出现，使得运维管理涉及的专业和范围更广，管理内容更繁杂。上海中心 BIM 运营平台以上海中心竣工 BIM 模型为基础，基本实现了以 BIM 为主体的运维管理平台的搭建，为运维管理提供了直观、高效、快捷的解决方案，将大大提升运维管理工作的效率。上海中心 BIM 运营平台中各功能模块仍具备深化、优化的空间，在 BIM 运维管理方面也存在更多未发掘的应用点，平台将继续优化完善。

（本项目由上海中心大厦建设发展有限公司提供）

3.7 应用案例：宝鸡市联盟路渭河大桥工程

3.7.1 项目背景

宝鸡市联盟路渭河大桥工程南起渭滨大道与石鼓西路交叉口，北至陈仓园二路以北落地，由南向北依次与渭滨大道、滨河大道、滨河北路、陈仓园二路相交。

河堤范围内桥长630m，主桥采用490m(50＋95＋200＋95＋50)自锚式悬索桥，设置两座70m高（桥面以上高度）的欧式塔。主桥主梁采用钢箱梁，锚固跨为混凝土箱梁。河道内引桥按不小于40m跨径布置，河道外引桥按30～35m基本跨径布置。跨越渭河橡胶坝泵房及河堤时采用钢箱梁，其余采用预应力混凝土现浇箱梁，如图3-34所示。

图 3-34 项目模型效果图

项目建设总投资53142.5万元，其中工程费用46285.5万元，工程建设其他费用4797.7万元，预备费2059.3万元。

项目BIM应用目标是完成混凝土、钢筋、预应力、钢箱梁、主缆、吊索、预埋件工程量的提取，检测主梁间预应力、主梁钢筋与预应力、主梁钢筋与预埋件之间的碰撞，提取构件的坐标及高程，通过模型检查图纸存在的问题等。项目BIM应用的亮点在于结合二维码技术，将"物联网"概念应用于项目施工阶段。以二维码技术为手段，将施工过程中物与物的信息进行链接，集中体现在BIM信息管理平台上。在此平台中，以二维码作为施工过程中物料信息的载体，与物料合为一体。施工过程中物料的动作信息（包含参与动作的人员信息、动作过程概况、施工图纸、技术交底、施工安全技术交底、施工过程图片信息等）通过采集设备上传至信息化管理云平台，反应在BIM 3D模型上，以便查询和管控施工的整体进程。

3.7.2 实施环境

我国正处于快速城市化时期，大量的基础设施建设正在如火如荼地进行，由之带来大量的管理工作。管理人员需要掌握人员动态信息、项目进展情况，把控关键部件制作流程的质量，管理施工现场设备，这一切依靠传统的管理方式不仅耗时费力，还存在信息难记录、难查询、难统计等问题，因此急需一套行之有效的工具帮助他们轻松完成上述工作。

二维码是用某种特定的几何图形，按一定规律在平面（二维方向）分布，通过黑白相间的图形记录数据。在代码编制上巧妙地利用构成计算机内部逻辑基础的"0"、"1"比特流概念，使用若干个与二进制相对应的几何形体来表示文字数值信息，通过图像输入设备或光电扫描设备识读以实现信息的自动处理。BIM 模型作为二维码信息的载体，构件信息、过程信息、管理信息等通过二维码进行表达并与 BIM 模型形成对应关系，使得 BIM 模型不仅能反映出可见的构筑物形体信息，同时也能反映出非可见的流程信息，如图 3-35 所示。

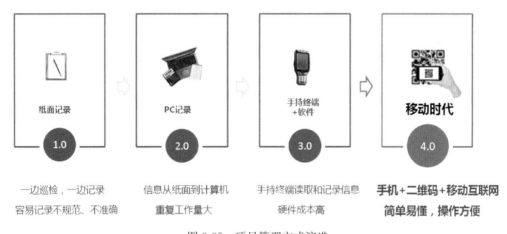

图 3-35　项目管理方式演进

使用"BIM＋二维码"，可以助力项目管理者实现人员管控、设备管理、施工流程管理等信息化改造，达到信息共享、规范流程、提高施工效率及加强施工管理的目的。本项目使用国内领先的草料二维码云服务平台，借助专业化的二维码管理 SAAS 服务，让每位施工人员的微信成为移动工作平台，无需纸质表单，就可实时查看构件及设备信息，快速添加施工记录。

3.7.3　实施方案

1. 生成二维码

BIM 模型制作完成后需对构件赋予详细的设计属性及管理信息，并同步生成二维码，作为实体模型在项目全生命周期管理中唯一的 ID。同时，与施工过程中的工艺、进度、流程、成本等非实体信息形成对应关联，如图 3-36 和图 3-37 所示。

2. 粘贴二维码

在材料、设备生产阶段，工厂将包含材料、设备的标高、轴线、坐标等位置信息及其他施工信息的二维码标签粘贴在生产的构件上。材料和设备送达施工现场后通过扫描二维码就能确定其用处和位置，既便于及时调配和安装，也便于暂时储存和后期调用，如图 3-38 和图 3-39 所示。

3. 构件安装

施工前，扫描材料上粘贴的二维码，查看材料的用处和位置、施工图纸、技术交底、施工安全技术交底等信息，进行施工状态、工序、工法的确认，如图 3-40～图 3-42 所示。

图 3-36　系统后台生成二维码　　　　　图 3-37　打印二维码

图 3-38　钢筋粘贴二维码　　　　　　图 3-39　配电箱粘贴二维码

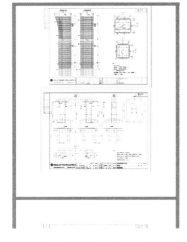

图 3-40　施工图纸　　　　图 3-41　技术交底　　　　图 3-42　施工安全技术交底

4. 扫码添加施工记录

施工人员通过扫码添加施工记录，包含参与施工人员信息、过程概况、过程图片等，如图 3-43 和图 3-44 所示。

图 3-43　施工人员信息、过程概况　　　　图 3-44　过程图片

5. 扫描数据对接

将扫描采集的数据和 BIM 关联的 Cloud 系统对接，动态展示整个项目的安装维护状态，如图 3-45 和图 3-46 所示。

图 3-45　后台数据分析　　　　　　图 3-46　数据采集后集成至 BIM 模型中

3.7.4　BIM 应用：资源管理

在资源管理方面，主要实现对人员、材料、施工机具的管理。

1. 人员管理

通过系统记录施工方管理人员、施工班组人员及其他参建人员的基本信息，并对各方管理人员提供不同的信息查询权限。

2. 材料管理

将材料信息（如名称、类别、状态、数量、存放位置等）与模型、派工单及相关证明材料（如产品合格证、产品供货证明、试验报告等）相关联，生成二维码并制作成册。施工人员使用手机扫描即可查询材料的状态、存放位置、到货数量等信息，以此实现对材料存放的管理。

3. 施工机具管理

承包商将项目的主要施工机具信息（如规格型号、所属施工单位及班组、检定标志的扫描件、下次检定日期等）录入系统并进行登记。然后由监理方对施工机具相关资料进行审核，通过后形成进场施工机具最终清单，并生成二维码。将二维码标签粘贴在施工机具上，实现对现场施工机具存放和使用的管理。

3.7.5 BIM 应用：材料质量管理

材料质量管理主要体现在材料进场管理和取样送检管理两方面。

1. 材料进场管理

材料出厂前，供货商按要求在材料包装表面粘贴二维码或以附件形式送货，此二维码与材料管理的二维码统一由系统平台关联模型导出。材料进场前由监理人员对材料进行检查并核查相关证明材料（如产品合格证、产品供货证明、试验报告等），检查通过后方可视为到货。

2. 材料送检管理

材料通过上述进场流程确定到货后，系统提醒承包商及监理人员进行见证取样，扫码入库，形成见证取样文档，并以二维码的形式关联到对应模型。

3.7.6 BIM 应用：预制构件追踪管理

每道施工工序开始前，应扫描构件上的二维码，将构件状态信息更新至施工状态。同时管理人员也可通过二维码获取构件施工状态信息，实现对预制构件的追踪管理。

3.7.7 BIM 应用：质量安全协同管理

扫描桥墩上的二维码，会显示其施工动态、施工质量等一系列信息。扫描施工设备上的二维码，就能知晓其工作时长、是否出现过故障、维修周期等信息，便于管理和维护，以确保机械设备使用的质量和安全。手机端还可上传构件及设备的质量安全问题，并通知相关管理及施工人员进行下一步处理。

3.7.8 应用效果

"BIM＋二维码"技术应用的意义与价值：二维码具有信息存储量大、可追踪性高的特点，它与 BIM 的结合是目前施工管理信息化的重要手段。将二维码赋予所有施工要素，做到"一人一码、一墩一码、一物一码"，不仅可以大大简化施工管理流程，还方便了施工的指挥和调度，同时在 BIM 引领工程建设朝着高效、自动化方向发展的背后，让 BIM 技术越来越多地参与到项目全生命周期管理的各个环节。

（本项目由中国市政工程中南设计研究总院有限公司提供）

3.8 应用案例：金汇港河道智慧水务

3.8.1 项目背景

智慧水务是指利用新一代云计算、物联网、大数据等信息技术，以统一水资源管理思想为核心，通过数采仪、无线网络、水质水压等在线监测设备实时感知城市水务系统的运行状态，采用可视化的方式有机整合水务管理部门与供排水设施，形成"城市水务物联网"，并可将海量水务信息进行及时分析与处理，并做出相应的处理结果与辅助决策建议，以更加精细和动态的方式管理水务系统的整个生产、管理和服务流程，从而达到"智慧"状态。

"智慧水务"正处于朝气蓬勃的发展阶段，国家提出 2020 年远景目标：全国大、中城市的自来水公司都建立标准化的、规范化的、健全合理的信息化系统，实现计算机管理。在小城镇，水务生产管理、供应基本实现信息化。因此，"智慧水务"智慧化建设必须做好顶层设计，加强智能分析、辅助决策支持等应用软件建设，利用物联网、云计算、大数据等新一代信息技术实现更高阶应用。

金汇港河道智慧水务建设主要包括数据模型和软件系统两大方面，数据层面主要整合各类水务数据，如水利地理信息数据、基础地理信息数据、物联感知数据、河道模型数据及三维场景数据等，形成各样式的水务基础、专题数据；软件系统主要包括 Web 端和移动端，形成线上线下综合管理平台，确保数据统一和同步，针对水务部门、水司、传感器厂商等客户需求，提供运维信息化管理服务，结合河长制工作制度，提供完整的智慧水务解决方案，如图 3-47 所示。

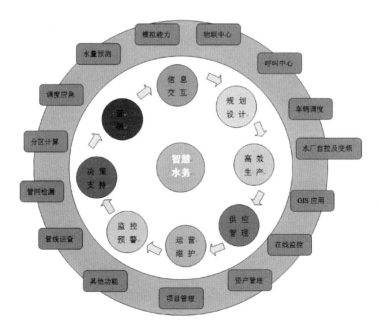

图 3-47 智慧水务解决方案

3.8.2　实施方案

金汇港河道"智慧水务"系统架构的建设目标是建立"一个网络、一套数据、一个平台、N＋系统、一个窗口"的企业级智慧水务运营管理体系结构，保证城市水务系统的"数据协同、系统协调及业务协同"，如图 3-48 所示。

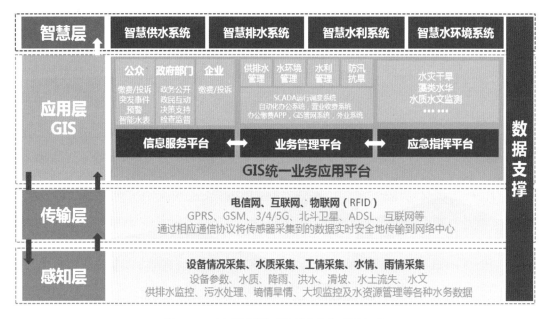

图 3-48　金汇港河道"智慧水务"系统架构

（1）一个网络：由工控网、物联网、专业业务运营局域网（LAN）构成的企业网（Intranet）；

（2）一套数据：由模型、水利设施、监测数据、勘测数据、基础地理信息等构成的全套水务数据体系；

（3）一个平台：包括 Web 端管理平台和移动端采集平台，为水务信息一体化综合管理平台（企业内网门户、数据中心、决策支持、智慧水务）；

（4）N＋系统：包括水情监测子系统、视频监控子系统、预警子系统、河长办公子系统等多个子系统；

（5）一个窗口：公众综合信息服务平台，外网门户网站，营造面向用户、沟通世界的信息氛围，构建快速、宽松的用户服务环境。

（本项目由上海市城市建设设计研究总院（集团）有限公司提供）

3.9　应用案例：成都市二环高架路巡检养护系统

3.9.1　项目背景

成都市二环高架路是成都市中心城区第一条全高架快速通道，全长超过 40km（含匝道），共有 10 座互通式立交桥，同时运行两条 BRT 快速公交系统（K1、K2 线），如图 3-49 所示。

图 3-49　成都市二环高架路

成都市二环高架路（以下简称为"二环路"）于 2013 年 5 月开始通车运营，日常管理主体为成都市城市管理委员会道桥处（以下简称为"道桥处"）。由于二环路在设计/施工阶段还是采用传统的 2D 设计方式，并无 3D 介入，在竣工时交付的都是 2D 图纸。道桥处在实际的运行养护过程中，经常面临数据资料不全或是 2D 图纸表达不准确的问题，由此造成日常维修保养的不便以及不及时，因此迫切希望能有一套具有先进性的、前瞻性的、数字化信息化以及 3D 化的管理系统工具。

3.9.2　实施环境

应用平台采用达索 ENOVIA＋Supermap（超图）的解决方案，两者分别实现各自的功能：

ENOVIA 负责全部的业务流程与管理功能，包括数据查询、浏览、流程定制、文档资料查看、权限控制以及集成 3DGIS 图形展示引擎等；

Supermap（超图）负责将 CATIA 软件搭建的 3D 模型集成到 3DGIS 数据库中，并利用 3DGIS 图形展示引擎进行大范围快速展示。

3.9.3　实施方案

1. 数据 3D 化

二环路于 2013 年竣工，在设计与施工阶段并没有 BIM 介入，竣工时交付的都是 2D 图纸，因此在项目开始之初最主要的工作就是 2D 图纸的 3D 化，以其中作为试点的永丰立交桥为例，基于 1300 多张图纸建立了高精度的 BIM 模型，这个 BIM 模型共包含了约 16000 多个零部件及其相应的属性数据，如图 3-50 所示。

2. 数据规范化

结合城市道路桥梁管理的实际需求，制定各类构件的编码规范：

道路/桥梁代码-构件名称代码-桥墩编码-流水码-路段编码

基于编码规范，给每一个构件一个身份证，并制作编号牌（铝板），将其安装在每一个构件上（桥上安装在防撞墙正上面位置，桥下安装在墩台背车面中部离地高 1.5m 处），如图 3-51 所示。

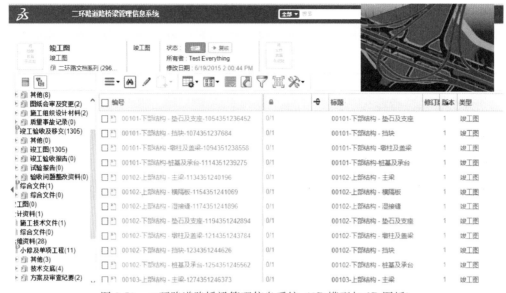

图 3-50　二环路道路桥梁管理信息系统（3D 模型与 2D 图纸）

图 3-51　构件编码（二维码）

3.9.4　BIM 应用：信息查询

从 BIM 构件查询各种关联信息（竣工资料、材料清单、病害检修……），如图 3-52 所示。

图 3-52　信息查询

3.9.5　BIM 应用：创建日常检修记录

在日常检修中，可通过 Web 或移动终端记录或查询病害信息，如图 3-53 所示。

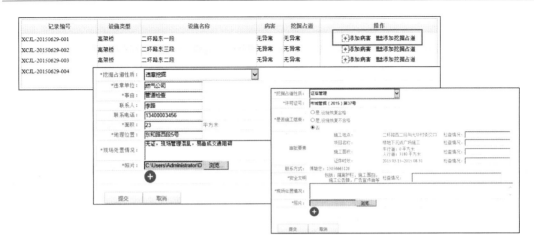

图 3-53 日常检修记录

3.9.6 BIM 应用：检修和分析

将每个病害分配到责任人，并跟踪维修状况，并可生成分析图表，如 3-54 所示。

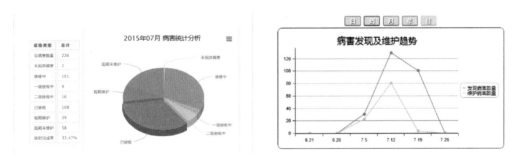

图 3-54 检修和分析

3.9.7 BIM 应用：病害跟踪

实时查询每个病害的处理情况，如图 3-55 所示。

图 3-55 病害跟踪

3.9.8 移动应用

（1）与移动设备相结合，可以实现，如图 3-56 所示；

工作日志　　　　GPS 定位　　　　我的任务

图 3-56　移动应用

（2）针对每次巡查、检修工作创建记录日志；

（3）发现病害后，可快速输入病害信息，同时上传照片、精确定位，以及扫描构件编号；

（4）通过移动终端接收控制中心下达的任务，并反馈任务执行状况；

（5）随时查询相关的文档和项目资料库。

3.9.9　应用效果

项目的直接/间接收益包括：

（1）病害处理速度提升了 8 倍；

（2）人力使用效率提升了 50%；

（3）运营成本节约 10%；

（4）综合保障能力提升约 1 倍。

（本项目由达索析统（上海）信息技术有限公司提供）

第4章 虚 拟 现 实

虚拟现实，也称作虚拟环境或虚拟真实环境，是一种三维环境技术，集先进的计算机技术、传感与测量技术、仿真技术、微电子技术等为一体，借此产生逼真的视、听、触、力等三维感觉环境，形成一种虚拟世界。虚拟现实技术是人们运用计算机对复杂数据进行的可视化操作，与传统的人机界面以及流行的视窗操作相比，虚拟现实在技术思想上有了质的飞跃。

4.1 技术背景

4.1.1 虚拟现实技术发展历程

虚拟现实技术融合了计算机图像处理、传感器技术以及数字建模等多个学科的相关知识，能够将平面图像转变为三维（或多维）立体图像，给人以更加直观的感受。

20世纪60年代初首次提出虚拟现实技术，最早应用于军事和航空等领域。在20世纪80年代，美国宇航局借助于超级计算机模拟构建了一种集听觉、视觉和触觉于一体的模拟环境，从而为宇航员和军事人员提供了一种全新的模拟环境，实现了交互式的情境仿真。

虚拟现实技术演变发展史大体上可以分为四个阶段：有声形动态的模拟是蕴涵虚拟现实思想的第一阶段（1963年以前）；虚拟现实萌芽为第二阶段（1963—1972年）；虚拟现实概念的产生和理论初步形成为第三阶段（1973—1989年）；虚拟现实理论进一步的完善和应用为第四阶段（1990—2004年）。

进入21世纪后，计算机技术、3D仿真技术得到了全面发展，虚拟现实技术也从单一的航空、军事领域向多个领域发展。工程设计一直以来沿用二维平面设计模式，其中的很多设计细节不便于在图纸中表现出来，给后期建筑施工造成了一定的影响。而借助于虚拟现实技术，则能够很好地解决二维空间的限制，确保了建筑设计的灵活性和准确性。

4.1.2 虚拟现实技术应用价值

市政工程设计涉及专业多，在进行工程设计审核时，需要对各专业设计成果进行集成，虚拟现实技术能够集成设计成果，通过三维立体的方式建立虚拟环境，方便设计人员在虚拟真实环境中对工程设计成果进行审核，提高审核质量。

运用虚拟现实技术，工程规划、工程设计成果能够让业主身临其境，置身于未来建设方案的虚拟现实中，比任何图纸、PPT、效果图都来的直接，更具有说服力。

工程施工、工程维护检修人员，运用虚拟现实技术，看到每一个构件、设备、材料，能够马上得知其设计图纸、施工工法等关联信息；生产厂家、运维方的联系信息；备品备件信息、拆装工法等，信息获得更加便利。

近年来，虚拟现实、增强现实应运而生，而且技术发展迅猛，在硬件创新、场景创建以及标准上呈爆发式增长，获得了极大的发展，渐趋成熟，已经进入实用阶段。

4.2 技术原理

4.2.1 虚拟现实技术概念

虚拟现实（Virtual Reality，简称 VR），指借助计算机系统及传感器技术生成一个三维环境，创造出一种崭新的人机交互状态，通过调动用户所有的感官（视觉、听觉、触觉、嗅觉等），带来更加真实的、身临其境的体验。

虚拟现实技术是仿真技术与计算机图形学人机接口技术、多媒体技术、传感技术、网络技术等多种技术的集合，是一门富有挑战性的交叉技术前沿学科和研究领域。虚拟现实技术主要包括模拟环境、感知、自然技能和传感设备等方面。模拟环境是由计算机生成的、实时动态的三维立体逼真图像。感知是指理想的 VR 应该具有人所具有的一切感知。除计算机图形技术所生成的视觉感知外，还有听觉、触觉、力觉、运动等感知，甚至还包括嗅觉和味觉等，也称为多感知。自然技能是指人的头部转动、眼睛、手势或其他人体行为动作，由计算机来处理与用户的动作相适应的数据，并对用户的输入做出实时响应，并分别反馈到用户的五官。传感设备是指三维交互设备。

使用 VR 通常需要佩戴"头戴式显示器（Head Mounted Display）"，简称"头显（HMD）"。头显通常是不透明的，其显示的内容可来自图形工作站、个人电脑、游戏机或手机（这些设备统称为系留设备），如图 4-1 所示。

图 4-1　虚拟现实（VR）

4.2.2 虚拟现实技术特征

（1）沉浸性

沉浸性（Immersion）是指用户感受到被虚拟世界所包围，好像完全置身于虚拟世界中一样。VR 技术最主要的技术特征是让用户觉得自己是计算机系统所创建的虚拟世界中的一部分，使用户由观察者变成参与者，沉浸其中并参与虚拟世界的活动。理想的虚拟世界应该达到使用户难以分辨真假的程度，甚至超越真实，实现比现实更逼真的照明和音响效果。

（2）交互性

交互性（Interactivity）的产生，主要借助于 VR 系统中的特殊硬件设备（如数据手套、力反馈装置等），使用户能通过自然的方式产生同在真实世界中一样的感觉。

（3）想像性

想像性（Imagination）指虚拟的环境是人想像出来的，同时这种想像体现出设计者相应的思想，因而可以用来实现一定的目标。所以说 VR 技术不仅仅是一个媒体或一个高级用户界面，它还是为解决工程、医学、军事等方面的问题而由开发者设计出来的应用软件。

4.2.3　虚拟现实系统的分类

在实际应用中，根据 VR 技术对沉浸程度的高低和交互程度的不同，将 VR 系统划分为 4 种类型：桌面式 VR 系统、沉浸式 VR 系统、增强式 VR 系统、分布式 VR 系统。其中桌面式 VR 系统因其技术非常简单，需投入的成本也不高，在实际中应用较广泛。

1. 桌面式 VR 系统

桌面式 VR 系统也称窗口 VR，如图 4-2 所示，它是利用个人计算机或图形工作站等设备，采用立体图形、自然交互等技术，产生三维立体空间的交互场景，利用计算机的屏幕作为观察虚拟世界的一个窗口，通过各种输入设备实现与虚拟世界的交互。

2. 沉浸式 VR 系统

沉浸式 VR 系统利用头盔显示器和数据手套等各种交互设备把用户的视觉、听觉和其他感觉封闭起来，而使用户真正成为 VR 系统内部的一个参与者，并能利用这些交互设备操作和驾驭虚拟环境，产生一种身临其境、全心投入和沉浸其中的感觉，如图 4-3 所示。

图 4-2　桌面式 VR 系统　　　　图 4-3　沉浸式 VR 系统

常见的沉浸式 VR 系统有：基于头盔式显示器 VR 系统、投影式 VR 系统、遥在系统。基于头盔式显示器 VR 系统采用头盔式显示器，投影式 VR 系统采用投影式显示系统来实现完全投入。它把现实世界与之隔离，使参与者从听觉到视觉都能投入到虚拟环境中去。遥在系统是一种远程控制形式，常用于 VR 系统与机器人技术相结合的系统。

3. 增强式 VR 系统

增强式 VR 系统简称增强现实，它既允许用户看到真实世界，同时也能看到叠加在真实世界上的虚拟对象，它是把真实环境和虚拟环境结合起来的一种系统，既可减少构成复杂场景的开销（因为部分虚拟环境由真实环境构成），又可对实际物体进行操作（因为部分物体是真实环境）。

4. 分布式 VR 系统

分布式 VR 系统是 VR 技术与网络技术发展和结合的产物，是一个在网络的虚拟世界中，位于不同物理位置的多个用户或多个虚拟世界，通过网络连接成共享信息的系统。将地理上分布的多个用户或多个虚拟世界通过网络连接在一起，使每个用户同时加入到一个虚拟空间里（真实感三维立体图形、立体声），通过联网的计算机与其他用户进行交互，共同体验虚拟经历，以达到协同工作的目的，它将虚拟提升到了一个更高的境界。

4.2.4 增强现实

增强现实（Augmented Reality，简称 AR），是一种将真实世界信息和虚拟世界信息"无缝"集成的新技术，是把原本在现实世界的一定时间空间范围内很难直接体验到的实体信息，通过电脑等科学技术，模拟仿真后再叠加，将虚拟的信息应用到真实世界，被人类感官所感知，从而达到超越现实的感官体验，如图 4-4 所示。

增强现实技术包含了多媒体、三维建模、实时视频显示及控制、多传感器融合、实时跟踪及注册、场景融合等新技术与新手段。增强现实提供了在一般情况下，不同于人类可以直接感知的信息。

增强现实（AR），用户看到的场景和人物一部分是真一部分是假，是把虚拟的信息带入到现实世界中，是真实世界叠加数字化信息。

在视觉化的增强现实（AR）中，用户也需要佩戴头戴式显示设备，但与 VR 头显不同的是，AR 头显通常是半透明至高透明的，需要能看到现实世界，要现实世界与电脑影像多重合成在一起，呈现现实世界没有的且能起到增强效果或提供辅助信息的东西，如图 4-4所示。

图 4-4　增强现实（AR)

AR 中的关键词是"功能（Utility)"，AR 技术让用户在观察真实世界的同时，能接收和真实世界相关的数字化的信息和数据，从而对用户的工作和行为产生帮助。当用户戴着 AR 眼镜看到真实世界中的一家餐厅，眼镜会马上显示这家餐厅的特点、菜单、等位时间等信息。若用户是建筑工程师，工作时，他戴着 AR 眼镜，看到真实世界中的这家餐厅，眼镜会马上显示这家餐厅的三维结构图、施工图、管道图，用户还可以选择更加详细的信息，如每个构件的预计寿命、旧损情况、供应商、维修资料和库存等信息。

相比于 VR，AR 的发展相对滞后，也不奇幻，但更加实用，在政府、企业及消费市场上都有广泛的应用前景，是未来的主体。

4.2.5　VR 和 AR 的区别

所谓 AR，是在真实场景上进行理解，虚拟场景只是对真实场景的补充，或者方便交互。AR 应用了很多 computer vision 的技术，其设备强调复原人类的视觉功能，比如自动去识别跟踪物体，而不是手动去指出；自主跟踪并且对周围真实场景进行 3D 建模。VR 主要在于虚拟。类似于游戏制作，创作出一个虚拟场景供人体验，其核心是 graphics 的各项技术的发挥。VR 和我们接触最多的就是应用在游戏上，可以说是传统游戏娱乐设备的一个升级版，主要关注虚拟场景是否有良好的体验。而与真实场景是否相关，他们并不关心。VR 设备往往是浸入式的，典型的设备就是头戴式显示器。通俗地说，VR 的内容全都是虚拟的，而 AR 的内容则是半虚拟的，是根据现实内容增加的虚拟内容。

4.2.6　虚拟现实与 BIM 融合

通过虚拟现实（VR）和增强现实（AR）的技术手段，将现有的 BIM 模型数据和其他模型数据，根据景观设计的场景要求，实现所有数据和效果的可视化。

现在设计、建模软件已经可以在工程施工前就做出来非常真实的建筑信息模型了，但是目前这种可视化的三维模型有很大的局限性，它给使用者带来的大部分都是看上去的感觉。将 BIM 与 VR 技术相结合，可以让使用者不仅可以看到这个模型，还可以深入其中，身临其境，通过 1∶1 的虚拟现实环境，真实地感受身处模型之中，如图 4-5 所示。随着 VR 技术的发展，BIM 与 VR 技术相结合还可以让体验者触摸到这种模型。可以在施工前就看到施工后的工程状态，可以在施工前就能详细地了解施工过程中可能会发生的某个事件。无论是对于设计方还是施工方，都能够得到充足的指导，避免很多很可能发生的事故、问题。无论是在成本、进度还是管理上，都可以让工程变得更加合理。

图 4-5　虚拟施工现场

4.3　技术实现

虚拟现实是纯虚拟场景。其装备更多的是用于用户与虚拟场景的互动交互，主要使用位置跟踪器、数据手套（如 5DT）、动捕系统、数据头盔等。VR 设备往往是浸入式的。其技术重点在于虚拟图形图像的处理，典型技术设备如头戴式显示器等，如图 4-6 所示。

图 4-6　虚拟现实的实现

4.3.1　虚拟现实系统

一个典型的虚拟现实系统由空间数据采集系统、人体数据捕捉系统、三维控制设备（输入设备）、三维显示设备（输出设备）以及高性能计算机系统构成。空间数据采集系统、人体数据捕捉系统为虚拟环境建立空间模型；三维控制设备、三维显示设备同属于三维交互设备，设计和制造出性能优越的三维交互设备是虚拟现实技术的关键。

4.3.2　空间数据采集系统

三维跟踪定位设备是虚拟现实系统中用于测量三维对象位置和方向实时变化的硬件。设备通常需要测量用户头部、手和四肢的运动，以便控制方向、运动和操作对象。三维空间中的活动对象有 6 个自由度，其中 3 个用于平移，3 个用于旋转。当对象高速运动时，需要迅速测量由这些参数定义的六维数据集，如图 4-7 所示。

4.3.3　人体数据捕捉系统

此系统由 4 个部分组成：传感器、信号捕捉设备、数据传输设备和数据处理设备。目前常用的人体运动捕捉设备是数据衣。它将大量光纤、电极等传感器安装在一个紧身服上，可以根据需要检测出人的四肢、腰部活动以及各关节（如腕关节、肘关节）的弯曲角度，用计算机重建出人体姿态。如图 4-8 所示。

图 4-7　空间数据采集系统　　　　图 4-8　人体数据捕捉系统

4.3.4　三维控制设备（输入设备）

三维控制设备的共同特征是至少能够控制 6 个自由度，对应于描述三维对象的宽度、高度、深度、俯仰角、转动角和偏转角。

手部姿态输入设备用于测量用户手指（有时也包括手腕）的实时位置，其目的是实现基于手势识别的自然交互。手是人类与外界进行物理接触和意识表达的最主要媒介。

在人机交互中，基于手的自然交互形式最为常见，相应的数字化设备也很多，这类产品中最为常见的就是数据手套，如图 4-9 所示。数据手套是一种穿戴在用户手上可以实时获取用户手掌、手指姿态的设备，可将手掌和手指伸屈时的各种姿势转换成数字信号传送给计算机。

通过对传统的鼠标、键盘等交互设备进行改进，人们还设计出一些手控输入设备，如三维鼠标、力矩球等，如图 4-10 所示。

图 4-9　数据手套　　　　　　　　图 4-10　三维鼠标

4.3.5　三维显示设备（输出设备）

输出设备为用户提供输入信息的反馈，即将各种感知信号转变为人所能接收的多通道刺激信号。主要包括针对视觉感知的立体显示设备、听觉感知的声音输出设备以及人体表面感知的触觉力觉反馈设备。

常见的三维显示设备有头盔式显示器和立体眼镜等，如图 4-11 所示。头盔式显示器采用立体图绘制技术来产生两幅相隔一定间距的透视图，并直接显示到对应于用户左、右眼的两个显示器上。新型的头盔式显示器都配以磁定位传感器，可以测定用户的视线方向，使场景能够随着用户视线的改变而作出相应的变化。

图 4-11　头盔式显示器

4.3.6　高性能计算机系统

高性能计算机系统处理技术主要包括数据转换和数据预处理技术；实时、逼真图形图像生成与显示技术；多种声音的合成与声音空间化技术；多维信息数据的融合、数据压缩以及数据库的生成；包括命令识别、语音识别以及手势和人的面部表情信息的检测等在内的模式识别；分布式与并行计算，以及高速、大规模的远程网络技术。

采用虚拟现实技术，对传统计算机配置提出了更高的要求，为此，配置高性能台式工作站和"外星人"高性能移动工作站用于搭建虚拟现实及增强现实软件环境，极大提升了生产效率。

4.3.7 数据库

在虚拟现实系统中，数据库用来存放虚拟世界中所有对象模型的相关信息和系统需要的各种数据，例如地形数据、场景模型、各种建筑模型等。在虚拟世界中，场景需要实时绘制，大量的虚拟对象需要保存、调用和更新，所以需要数据库对对象模型进行分类管理。

4.4 应用案例：徐州城东大道

4.4.1 项目背景

徐州城东大道快速化改造工程主要是在现状道路的基础上，按城市快速路标准进行改造。项目西起三环东路，东至徐贾快速路，道路全长约 12.32km，道路红线宽度 50m，主线快速路采用高架快速路与地面快速路结合的形式，其中高架总长度约 9.7km，设计车速为 80km/h。

4.4.2 实施方案

BIM 技术的应用是以模型为载体进行信息传递与管理的过程。建模内容涵盖道路、排水、管线、地道、桥梁、综合管廊、周边场景等。

4.4.3 实施环境

产品参数见表 4-1～表 4-4。

电脑配置　　　　　　　　　　　　　　　　　　　　　　　　表 4-1

软硬件	参数
GPU	NVIDIA® GeForce® GTX 970、AMD Radeon™ R9 290 同等或更高配置
CPU	Intel® Core™ i5-4590/AMD FX™ 8350 同等或更高配置
RAM	4GB 或以上
视频输出	HDMI 1.4、DisplayPort 1.2 或以上
USB 端口	1×USB 2.0 或以上端口
操作系统	Windows® 7 SP1、Windows® 8.1 或更高版本、Windows® 10

HTCVIVE 头戴式设备参数　　　　　　　　　　　　　　　表 4-2

软硬件	参数
屏幕	双 AMOLED 屏幕，对角直径 3.6 吋
分辨率	单眼分辨率为 1080×1200 像素（组合分辨率为 2160×1200 像素）

续表

软硬件	参数
刷新率	90Hz
视场角	110°
安全性特色	VIVE 陪护人引导系统和前置摄像头
传感器	SteamVR 追踪技术、G-sensor 校正、gyroscope 陀螺仪、proximity 距离感测器
连接口	HDMI、USB 2.0、3.5mm 立体耳机插座、电源插座、蓝牙支持
输入	内建麦克风
双眼舒压设计	瞳距和镜头距离调整

HTCVIVE 操控手柄参数　　　　表 4-3

软硬件	参数
传感器	SteamVR 追踪技术
输入	多功能触摸面板、抓握键、双阶段扳机、系统键、菜单键
单次充电使用量	约 6h
连接口	Micro-USB

空间定位追踪设置　　　　表 4-4

软硬件	参数
站姿/坐姿	无最小空间限制
房间尺度（Room-scale）	最小为 2m×1.5m，最大为两个定位器对角线距离 5m

4.4.4　HTCVIVE VR 系统

HTC VIVE VR 系统组成见表 4-5。

HTC VIVE VR 系统组成　　　　表 4-5

设备名称	参考图片
Ⓐ VIVE 头戴式设备	
Ⓑ 2 个面部衬垫	
Ⓒ 1 个鼻部衬垫	
Ⓓ 2 个 VIVE 无线操控手柄	
Ⓔ 2 个 VIVE 定位器	
Ⓕ 3 合 1 连接线	
Ⓖ 串流盒	
Ⓗ 耳机	
Ⓘ 连接线，充电器和其他配件	
Ⓙ 免费体验 VIVEPORT 会员订阅服务	
Ⓚ 文档	

4.4.5　应用效果

应用效果如图 4-12 所示。

图 4-12　VIVE VR

（本项目由上海市政工程设计研究总院（集团）有限公司提供）

4.5　应用案例：中国尊

4.5.1　项目背景

中国尊位于北京市朝阳区 CBD 核心区 Z15 地块，总建筑面积 43.7 万 m²，建筑高度 528m，地上 108 层，地下 7 层，建成后将成为北京第一高楼，也是世界首个在抗震 8 度区建造的超 500m 摩天大楼，首都新地标，如图 4-13 所示。

中国尊项目是 BIM 技术在超大型超复杂项目上应用的标杆。BIM 技术帮助这一 528m 超高层建筑在 62 个月内完成施工，施工速度达到同类项目的 1.4 倍。

由业主单位推动实现项目建设全生命周期 BIM 技术应用，要求所有参建单位使用 BIM 技术。项目的 BIM 数据需要由设计阶段、施工阶段、运维阶段逐级传递。项目各方经过充分的调研和讨论，编制了

图 4-13　中国尊
效果图

《中国尊项目 BIM 实施导则》，作为在建设全生命周期内所有参与方共同遵循的 BIM 行动准则和依据，并随着项目的推进及 BIM 应用经验的积累，逐步深化和完善。在常规 BIM 应用的基础上，项目团队创新了大厦超精度的深化设计、超难度的施工模拟、超体量的预制加工、全方位的三维扫描等深度应用。

4.5.2　实施环境

中国尊项目有包含全专业的 BIM 应用体系和团队，以及多年的 BIM 应用经验及模型、信息积累。面对新型的 VR 技术，领导及团队都希望利用这一技术为项目的实施提供一定的帮助和增效，同时积累一定的 VR 应用经验。

中国尊项目团队决定选择在首层大堂和空中大堂精装修区域进行 VR 测试。中国尊首

层大堂和空中大堂装饰装修要求高，设计新颖、大气。业主在材料、光照、配色等一系列设计选型过程中，都可以借助 VR 设备进行虚拟样板的评比，在提高效率的同时，也能更好地帮助业主和施工方掌握成品品质，保证最终效果达到设计预期。

项目本身采用专业的装饰装修团队，他们以设计图纸和设计 BIM 模型等相关文件为基础，首先利用 Autodesk 3Dmax 进行模型细节深化和材质选择，待模型细节和材质调节完毕后，导入 Autodesk Stingray 进行灯光的调试和 VR 设备所需动作、路径等的设置。

Stingray 可以做到与现在国内外的主流 VR 设备之间的兼容，上手也相对简单，同时兼顾大型项目以及高质量的 VR 效果。

为了保证项目顺利实施，从开工伊始就为 BIM 工作配备了 4 台惠普工作站及若干高配置电脑。进入装修阶段，为进一步保证 VR 及三维扫描的充分应用，购置了 Z640 高端工作站（其配置见表 4-6）及 HTC VIVE 的 VR 眼镜套装，软硬件的投入为 VR 技术的使用提供了良好的实施环境。

Z640 配置　　　　　　　　　　　　　　　　　　　　表 4-6

处理器	显卡	内存	系统
Intel Xeon E5-2623 v3	NVIDIA Quadro K2200	32G	Windows Server 2012 R2

4.5.3　实施方案

基于《中国尊项目 BIM 实施导则》中对于 BIM 深化设计工作的详细技术规定，项目已经具备完整、详细的 BIM 深化设计模型作为 VR 技术应用的模型基础。

操作过程：

（1）经深化设计模型进行针对性的制作。3Dmax 在材质设置方面的优势明显，利用其丰富的材质库和灵活的调节功能，将与设计方案相一致的材质附于模型表面，并进行参数调整，确保表现效果与实际效果相同，如图 4-14 所示。

（2）当材质调整完成后，将此模型导入 Stingray 中进行光线的设置。此步骤调整出的效果将是最终在 VR 设备中呈现的效果，如图 4-15 所示。

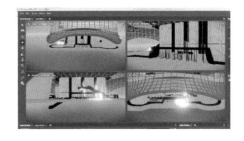

图 4-14　3Dmax 模型

图 4-15　在 VR 设备中呈现的效果

（3）完成模型后，继续在 Stingray 中进行 VR 路径、动作等的设置，以便链接 VR 设备，使设备可以从多角度切入模型，提供更丰富的视角。

4.5.4 应用效果

通过细致的建模和材质等参数的调整，中国尊首层大堂和空中大堂的装饰效果真实地展现出来。通过 VR 设备，业主、总包及专业分包的充分体验和讨论，为装饰最终选型选材提供了直观可信的虚拟样板，如图 4-16 所示。帮助业主快速确定装修风格，进而加快了深化设计及材料选型进度，提高效率，保证质量和效果。

图 4-16　业主、总包及专业分包体验 VR

（本项目由中建三局集团有限公司提供）

4.6　应用案例：台州有轨电车

4.6.1　项目背景

浙江省台州市现代有轨电车一期工程共包含 T1、T2 和 T3 三条线路，建设总长度约 68.5km。T1 线长度约 20.2km，T2 线长度约 19.8km，T3 线长度约 30.5km，其中 T1 与 T2 共线段长度为 0.4km，T2 与 T3 共线段长度为 1.6km，如图 4-17 所示。

图 4-17　台州市现代有轨电车一期工程
线路走向及车站布置图

（1）本工程是支撑台州中心城区空间结构，促进"三区"融合的骨干公交轴线，是落实"十三五"发展规划的必然要求。

（2）本工程是落实公交优先发展战略，支撑台州公共交通发展模式，完善台州轨道交通系统的必然选择。

（3）本工程是适应公交客流需求分布，发挥现代有轨电车技术特征，实现规模跨越式发展效益的必然途径。

（4）本工程是促进沿线用地开发，加快轨道产业集聚，提升城市形象与吸引力的必然手段。

（5）本工程选择现代有轨电车系统制式，是综合城市发展、交通需求、工程条件与社会经济等综合效益的必然方式。

4.6.2　实施环境

采用 BIM 进行正向设计是台州有轨电车项目的特色之一。基于虚拟现实与增强现实技术，上海市城市建设设计研究总院（集团）有限公司在其中也进行了深入的应用。模型建立主要有两类手段：地形的自动生成；构筑物的人工设计。

地形的自动生成作业方案，主要采用无人机采集数据加自动处理数据的方式生成。通过无人机等实景照片采集设备采集到二维照片后，需要经过计算机视觉的三维重建技术重建，得到精准的三维模型数据。构筑物的人工设计作业方案，主要针对项目特点，使用特定的数据数字化应用软件完成建模。图 4-18 所示为本项目中所用到的部分数字化处理应用软件。

图 4-18　数字化处理应用软件

4.6.3　实施方案（模型、信息）

台州有轨电车工程区域内倾斜摄影得到的 GIS 数据与模型，如图 4-19 所示。

将 VR 技术应用于台州有轨电车项目的现场演示，用户体验 VR 带来的沉浸式感官冲击，如图 4-20 所示。另外，在项目汇报中，让业主在体验中认知设计的情况，更直观地指导设计变更。

图 4-19　台州有轨电车倾斜摄影模型　　　　图 4-20　展会现场 VR 演示

在该项目中，工程师间通过 iPad 将电子模型按比例置于桌面上，供工程师之间相互讨论。如图 4-21 所示，将小比例的设计模型置于桌面上，便于工程师之间讨论方案。同时，也更好地利用了 BIM 模型，直接将 BIM 模型置于桌面上，节约了手工搭建模型的时间以及成本。

图 4-21　会议现场 AR 演示

4.6.4　应用效果

（1）提高生产效率

其三维建模的高自动化、高精度、全场景、高真实性，将使其成为今后普遍采用的三维建模方法。将实现虚拟现实和增强现实技术与 BIM 技术的融合应用，为 BIM 提供大场景服务，大大提高生产效率。

（2）提升技术水平，增强市场竞争力

实现 VR 与 BIM 技术的融合，将两种技术所生成的三维模型进行无缝对接，实现优势互补，使城市模型数据集美观与真实于一体，能够满足更多不同的需求；同时，从另一个技术角度来讲为 BIM 提供新的基于现实信息的展示方式，两者的信息融合和交互，将环境信息与建筑信息统一起来，形成从户外到室内、从地上到地下空间的一体化地理空间场景，使得 BIM 技术获得更加广泛和深入的应用，这将成为上海市城市建设设计研究总院（集团）有限公司 BIM 技术发展应用的又一特色亮点，进一步提升上海市城市建设设计研究总院（集团）有限公司技术水平，增强市场竞争力。

（本项目由上海市城市建设设计研究总院（集团）有限公司提供）

第 5 章　倾斜摄影

倾斜摄影以大范围、高精度、高清晰的方式全面感知复杂场景。通过高效的数据采集设备及专业的数据处理流程,生成的数据成果可直观反映地物的外观、位置、高度等属性,为真实效果和测绘级精度提供保证。

5.1　技术背景

1860 年,James Wallace Black 在美国波士顿上空获得了世界上第一张倾斜影像。1930 年美国地质调查局(USGS)和美国陆军工程兵部队(U. S. Army Corps of Engineers)开始使用 Fairchild T-3A 五镜头倾斜相机开展制图、监视和侦察工作。20 世纪初至 20 世纪末,倾斜摄影和倾斜影像主要用于军事目的。随着倾斜摄影平台和传感器硬件的精度和集成度不断提高,摄影测量和三维计算机视觉领域涌现出许多新理论和新方法,使倾斜摄影测量技术逐渐走向实用。与常规航空摄影相比,倾斜摄影的优势在于能够获得地物的立面影像,使影像解译变得更简单、更直观。目前,倾斜摄影测量技术已被广泛用于测绘、城市三维建模、城市规划与管理、智慧旅游和突发事件应急响应等众多领域。

5.1.1　航空摄影测量技术发展

摄影测量技术的发展经历了三个阶段,分别为模拟摄影测量阶段、解析摄影测量阶段和数字摄影测量阶段,现在已全面进入了全数字摄影测量时代。由于航空摄影测量技术是一种快捷、经济和高精度生产 4D(DEM、DOM、DLG、DRG)产品的高新技术,在城市测绘、复杂地形以及国界等测绘区域中已经得到了广泛的应用,但航空摄影测量技术一般应用的区域是比较大的范围,对于较小的区域,航空摄影测量技术并不具备优势,在这种情景下,急需新的摄影测量技术来弥补这一缺陷。以无人机为空中遥感平台的技术,正好能够填补传统航空摄影测量技术的不足。

5.1.2　无人机航测

随着技术发展,遥感数据的类型正在发生变化。传感器承载平台从气球变成飞机,从卫星变成无人机。第一次世界大战结束后,第一次航空摄影的尝试就开始了,在这期间,由于军事原因,航空摄影和摄影测量技术得到了显著改善,并且这些知识与所有可用图像一起用于许多科学目的。

无人机在获取影像的过程中灵活方便且成本较低,获取的影像分辨率高,已在多个方面得到了广泛的应用。而无人机摄影测量中最为广泛应用的技术为倾斜摄影测量技术,倾斜摄影测量技术是国际测绘遥感领域近几年发展起来的一项高新技术,通过在同一飞行平台上搭载多台传感器（目前常用的是五镜头倾斜相机），同时从垂直、倾斜等不同角度采集影像，获取地面物体更为完整准确的信息。从垂直于地面角度拍摄获取的影像称为正片（一组影像），镜头朝向与地面成一定夹角拍摄获取的影像称为斜片（四组影像），如图 5-1 所示。该技术的创新点在于它颠覆了以往正射影像只能从垂直角度拍摄的局限，通过专用设备同时从多个不同的角度采集影像，将用户引入了符合人眼视觉的真实直观世界，让现实表现得逼真而华丽。

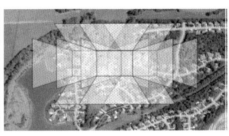

图 5-1　倾斜摄影获取影像方式

尽管采用常规航空摄影平台搭载量测相机的方式所获取的倾斜影像数据具有分辨率较高、质量较好、姿态位置精确等优势，但航飞的灵活性却受到空域申请、飞机租赁等相关事宜的制约。

因无人机倾斜摄影能够更加灵活地获取更高分辨率的影像，降低倾斜影像的获取成本和周期，生产更高精度的实景三维模型，目前已经成为高精度实景三维建模的主要手段。

5.1.3　倾斜摄影技术特点

（1）反映地物周边真实情况

相对于正射影像，倾斜影像能让用户从多个角度观察地物，更加真实地反映地物的实际情况，极大地弥补了基于正射影像应用的不足。

（2）可实现单张影像量测

通过配套软件的应用，可直接基于成果影像进行包括高度、长度、面积、角度、坡度等的量测，扩展了倾斜摄影技术在行业中的应用。

（3）建筑物侧面纹理可采集

针对各种三维数字城市应用，利用航空摄影大规模成图的特点，加上从倾斜影像批量提取及贴纹理的方式，能够有效降低城市三维建模成本。

（4）数据量小易于网络发布

相较于三维 GIS 技术应用庞大的三维数据，应用倾斜摄影技术获取的三维数据量要小得多，其影像的数据格式可采用成熟的技术快速进行网络发布，实现共享应用。

5.1.4　BIM 与倾斜摄影融合

通过 BIM 与倾斜摄影融合可以有效地进行市政道路和地下管线的三维建模。城市基础设施类型各具特色，外形尺寸不同，外部颜色和纹理不同，加之障碍物阻挡等。如果采用"航测＋地面摄影"，后期需要人工做大量贴图；通过 BIM，可以轻易得到基础设施的精确高度、外观尺寸以及内部空间信息。因此，通过综合 BIM 与倾斜摄影，先对建筑进行建模，然后把基础设施空间信息与其周围地理环境共享，应用到城市三维倾斜摄影分析中，就极大地降低了基础设施空间信息的成本，如图 5-2 所示。当然这个前提是基础设施都应用到 BIM，现阶段在我国还依旧很难实现。

图 5-2　市政道路和地下管线

5.1.5　实景三维建模技术

实景三维建模技术包括了倾斜摄影建模技术、多角度摄影建模技术、激光点云建模技术和多源数据融合技术。

传统三维建模通常使用 3DSMax、AutoCAD 等建模软件，基于影像数据、CAD 平面图或者拍摄图片估算建筑物轮廓与高度等信息进行人工建模。这种方式制作出的模型数据精度较低，纹理与实际效果偏差较大，并且建模过程需要大量的人工参与；同时数据制作周期较长，造成数据的时效性较低，因而无法真正满足用户需要。

实景三维建模技术的发展，则真正把倾斜摄影的价值挖掘了出来。实景三维建模技术能够根据一系列二维照片，或者一组倾斜影像，自动生成高分辨的、带有逼真纹理贴图的三维模型，如图 5-3 所示。这种三维模型效果逼真、要素全面、测量精度高，是现实世界的真实还原，同时为用户提供了更丰富地理信息、更友好的用户体验以及低廉的成本，已在国土资源管理、房产税收、人口统计、数字城市、城市管理、应急指挥、灾害评估、环保监测、实景导航、工程建筑等领域得到了越来越广泛的应用。

图 5-3　从倾斜摄影到实景三维模型

与传统的人工建模技术相比，实景三维建模技术具有以下特点：

（1）可以快速生成大范围的精确实景模型

在软硬件支持的前提下可以一次性处理上百平方千米的影像数据。解决了人工建模成本高、周期长的问题，并且数据更加真实、更加精确。传统人工手段需要大量人员一年才能完成的工作，采用该技术只需要 1 个月左右的时间即可完成，从而大大节省了时间，也降低了成本。

（2）数据量小易于网络发布

相较于三维 GIS 技术应用庞大的三维数据，应用倾斜摄影技术获取的三维数据量要小得多，其影像的数据格式可采用成熟的技术快速进行网络发布，实现共享应用。

（3）更加真实

倾斜摄影技术生成的三维模型几乎可以完全真实地还原城市的本来面貌，反映地物周边真实情况，效果非常逼真，特别是对于植被和复杂地形的表现，具有人工建模无法比拟的真实度。

5.2 技术原理

倾斜摄影技术不仅在摄影方式上区别于传统的垂直航空摄影，而且其后期数据处理及成果也与之大不相同。倾斜摄影技术的主要目的是获取地物多个方位（尤其是侧面）的信息并可供用户多角度浏览。

5.2.1 倾斜摄影系统构成

倾斜摄影系统分为三大部分，第一部分为飞行平台，包括小型飞机或者无人机；第二部分为人员，包括机组成员和专业航飞人员或者地面指挥人员（无人机）；第三部分为仪器，包括传感器（多头相机、GPS 定位装置获取曝光瞬间的三个线元素 x、y、z）和姿态定位系统（记录相机曝光瞬间的姿态，三个角元素 ϕ、ω、κ）。

5.2.2 倾斜摄影技术路线

首先分析现有资料，进行飞行前准备，接着实施倾斜航空摄影，为保证成果的精度，还需进行相片控制测量，之后进行三维模型制作，对于检查不合格的模型还需进行编辑、修补等工作。倾斜摄影技术路线如图 5-4 所示。

倾斜摄影的航线采用专用航线设计软件进行设计，如图 5-5 所示，其相对航高、地面分辨率及物理像元尺寸满足三角比例关系。航线设计一般采取 30% 的旁向重叠度，66% 的航向重叠度，目前要生产自动化模型，旁向重叠度需要达到 66%，航向重叠度也需要达到 66%。航线设计软件生成一个飞行计划文件，该文件包含飞机的航线坐标及各个相机的曝光点坐标。实际飞行中，各个相机根据对应的曝光点坐标自动进行曝光拍摄，形成点云数据文件，如图 5-6 所示。

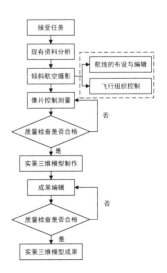

图 5-4 倾斜摄影技术路线

图 5-5　无人机飞行设置

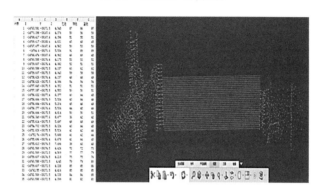

图 5-6　点云数据文件

5.2.3　三维实景模型制作关键技术

实景三维建模技术是摄影测量技术和计算机视觉三维重建技术的综合，基于计算机视觉领域的多视几何匹配技术进行密集匹配，然后基于摄影测量的空三平差算法求解测区中所有影像的外方位元素，重建可量测的几何立体模型，生成高密度的点云，构建目标三维结构，最后贴图生成与实际目标一致的三维模型。

根据摄影测量原理，对获得的倾斜影像数据进行数据预处理、多视角联合平差、模型构建、三维模型修改、检查等过程，最后进行整理提交，流程如图 5-7 所示。

1. 数据预处理

在数据获取阶段，利用倾斜摄影系统获取测区的倾斜影像，利用飞行平台搭载的 POS 系统获取倾斜摄影系统的位置和姿态，在选定的坐标系下测量地面控制点的坐标。摄影测量需要在三维直角坐标系下进行计算，因此需要将 POS 数据变换到选定的测量坐标系下。通过对倾斜影像进行增强处理可以使影像中地物的纹理细节更为突出，增强处理后的影像也可以改善三维模型的视觉效果。

2. 影像匹配

影像匹配为影像定向提供同名点坐标观测值，其精度很大程度上决定了摄影测量最终成果的精度，而影像匹配的速度是影响摄

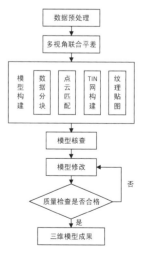

图 5-7　三维实景模型制作
流程图

影测量效率的重要因素。因此，精确且高效的影像匹配构成了摄影测量的重要研究内容。

常规航测仅采集下视影像，良好的飞行控制能够保证较小的尺度、视角和转角变化，因此同名点的点位可以预测。从这些前提条件出发，早期的影像匹配方法在常规航测处理中能够取得比较理想的匹配效果。而倾斜影像的尺度、视角和转角变化较大，利用传统航测影像匹配方法难以实现影像的稳健匹配。

计算机视觉中的多视几何匹配算子可以从影像中提取大量尺度和旋转不变的特征点，这些特征点对仿射变换和光照变化具有良好的适应性，因此被广泛用于摄影测量和三维计算机视觉。同时，随着多处理器并行特别是图形处理单元（Graphics Processing Unit，简称 GPU）技术的不断进步，对影像匹配进行并行化可以大大缩短匹配时间。

3. 影像定向

影像定向的目的是解算整个测区全部影像的摄影位置和姿态，同时求解影像同名点的地面测量坐标。带附加参数的自检校光束法区域网平差还可以解算内方位元素和照片畸变参数以补偿系统误差。

将自动匹配的同名点作为观测值参与平差的关键在于同名点的匹配精度。在影像稳健匹配的基础上，利用基于代数方程解的相对定向方法可以求解大视角变化下影像的相对位置和姿态。

倾斜摄影系统通常需要配备高精度的 POS 系统以获取影像的外方位元素。精确的POS 数据可作为观测值参与影像定向。尽管 POS 数据的精度较以往已有了很大改进，但不依赖地面控制点的大比例尺航空摄影测量依然十分少见。绝大部分研究工作仍将地面控制点坐标作为带权观测值参与平差，从而实现对摄影测量区域网结构的严密控制。

参与平差的观测数据通常包括同名点的影像坐标、地面控制点坐标及其像点坐标以及利用 POS 系统获取的影像外方位元素值。对大量参数进行整体优化需要依赖大规模光束法区域网平差。

4. 密集匹配

密集匹配是在影像定向的基础上求解密集同名像点的过程。在倾斜摄影引入摄影测量前，密集匹配主要用于计算测区的数字高程模型，通过逐像素匹配，能够获得与航测影像具有相同地面采样距离（Ground Sample Distance，简称 GSD）的数字高程模型。随着倾斜摄影引入摄影测量，密集匹配尤其是计算机视觉的多视几何匹配技术被应用于倾斜影像。通过对相邻影像进行密集匹配可以获得视差图，利用视差图可以计算像点的深度，进而获得地物的三维点云，如图 5-8 所示。

5. 表面模型构建

倾斜影像经过密集匹配后可以得到测区地物的密集点云，基于点云数据可以建立测区内地物的三维数字表面模型（Digital Surface Model，简称 DSM）。表面模型构建通常包括三角网构建和纹理映射。经过学者们的多年研究，基于三维三角网的数字表面模型建模算法已经比较成熟。其中，泊松表面重建（Poisson surface reconstruction）被广泛应用于三维数字表面模型的构建，如图 5-9 所示。

三角网构建完成后，表面模型需要通过纹理映射建立彩色纹理图像与三角网结构的对应关系。经过影像定向后，影像与三维模型的相对几何关系已经确定，将构成三角网的每个三角形投影至对应的影像上即可实现模型的纹理映射，如图 5-10 所示。

图 5-8　点云图

图 5-9　白模图（阴影图）

图 5-10　处理完成带纹理

6. 倾斜影像加工

数据获取完成后，首先要对获取的影像进行质量检查，对不合格的区域进行补飞，直到获取的影像质量满足要求；其次进行匀光匀色处理，在飞行过程中存在时间和空间上的差异，影像之间会存在色偏，这就需要进行匀光匀色处理；再次进行几何校正、同名点匹配、区域网联合平差；最后将平差后的数据（三个坐标信息及三个方向角信息）赋予每张倾斜影像，使得它们具有在虚拟三维空间中的位置和姿态数据，至此倾斜影像即可进行实时量测，每张斜片上的每个像素对应真实的地理坐标位置。

5.2.4　倾斜影像单体化

倾斜摄影获取的倾斜影像经过影像加工处理后，通过专用测绘软件可以生成倾斜摄影模型，模型有两种成果数据：一种是单体化的模型成果数据，一种是非单体化的模型成果数据。

单体化的模型成果数据，利用倾斜影像的丰富可视细节，结合现有的三维线框模型（或者其他方式生成的白模型），通过纹理映射，生成三维模型，这种工艺流程生成的模型是对象化的模型，单独的建筑物可以删除、修改及替换，其纹理也可以修改，尤其是建筑物信息经常变化，这种模型就能体现出它的优势，如图 5-11 所示。

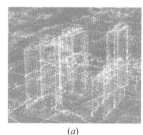
(a)

(b)
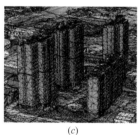
(c)

(d)

图 5-11　倾斜影像单体化模型
(a) 点云数据模型；(b) 白模型；(c) 三维网格模型；(d) 3D影像模型

非单体化的模型成果数据，后文简称倾斜模型，这种模型采用全自动化的生成方式，模型生成周期短、成本低，获得倾斜影像后，经过匀光匀色等步骤，通过专业的自动化建模软件生成三维模型，这种工艺流程一般会经过多视角影像的几何校正、联合平差等处理流程，可运算生成基于影像的超高密度点云，点云构建 TIN 模型如图 5-12 所示，并以此生成基于影像纹理的高分辨率倾斜摄影三维模型，因此也具备倾斜影像的测绘级精度，如图 5-13 所示。

图 5-12　点云构建 TIN 模型　　　　图 5-13　高分辨率倾斜摄影三维模型

5.3　倾斜航空摄影硬件

5.3.1　倾斜航空摄影相机

倾斜摄影测量技术的核心硬件是倾斜航空摄影相机，目前市面上常见的倾斜航空摄影相机包括 SWDC-5、Leica RCD30 Oblique、UltraCam Osprey Mark3、A3 Edge 等，如图 5-14 所示。

(a)　　　　　　　(b)　　　　　　　(c)　　　　　　　(d)

图 5-14　倾斜航空摄影相机

(a) SWDC-5；(b) Leica RCD30 Oblique；(c) UltraCam Osprey Mark3；(d) A3 Edge

5.3.2　倾斜航空摄影无人机

1. 寰鹰航空 HY-6X 无人机

上海寰鹰航空技术有限公司是集智能化无人飞行器系统研发、生产、销售及服务于一体的高新技术企业，总部位于上海。该公司在无人机设计、制造以及高性能复合材料应用领域有 10 年以上的经验和技术积累，并和同济大学航空航天与力学学院合作成功研发出基于北斗系统后差分技术的无人机自动驾驶仪系统（简称飞控系统）、总线管理系统、电源管理系统、发动机自发电系统、专业拍照模块等一系列创新技术和产品。HY-6X 即为该公司的六旋翼无人机航测产品，搭载由上海航遥信息技术有限公司研发的五镜头倾斜相机 ARC524，如图 5-15 所示。

图 5-15　寰鹰航空 HY-6X 无人机及搭载的倾斜相机

2. 中量安测 FD4-2000 无人机

北京中量安测科技有限公司是一家专业从事低空空地一体化摄影测量系统（含倾斜摄像测量）开发应用及专业的空地一体化无人机技术研发、生产、制造的高新技术企业。该公司为客户提供以下产品与服务：无人低空摄影平台（专业四旋翼无人机、固定翼无人机）、低空摄影测量软件（无人机数据后处理软件及全自动三维建模软件）、多维数据展示和应用平台软件、三维 GIS 软件、低空航拍工程、倾斜摄像测量工程、常规测绘工程等。FD4-2000 专业智能化四旋翼无人机系统是一种插壁式结构的垂直起降自动驾驶无人飞行器系统，机体和载荷全部采用碳纤维材料制造，制造工艺源自德国，基于模块化的设计理念，如图 5-16 所示。

3. 大疆 DJI M600 Pro 无人机＋双倾斜摄影相机

双倾斜摄影相机是专门为无人机摄影测量打造的轻型高效率云台相机。双倾斜摄影相机摆动设计，一次拍照可获得六种角度的超高像素影像。双倾斜摄影相机搭载在大疆行业级无人机平台 M600/M600 Pro 上，并使用大疆 GS Pro 专业地面站软件实现全自动飞行，D-GPS 差分技术将 GPS 定位精度提高到厘米级，可精准采集地面影像，分辨率可达0.01m，如图 5-17 所示。

图 5-16　中量安测 FD4-2000 无人机　　　　图 5-17　大疆 DJI M600 Pro 无人机

4. eBee 地图无人机

eBee 地图无人机（见图 5-18）是一种固定翼、完全自主的无人机，可捕获高分辨率的航空照片，并将其转换为精确的 2D 正射影像和 3D 模型。eBee 单次飞行可以覆盖12km^2（4.6 平方英里），当在较小的区域飞行在较低的海拔高度时，可以以低至 1.5cm/像素的 GSD

获取图像。

eBee 有两个软件包：eMotion（飞行计划和控制）和 Postflight Terra 3D（专业摄影测量）。

图 5-18　eBee 地图无人机

5. microdrones md4 系列无人机

德国 microdrones GmbH 成立于 2005 年 10 月，是全球领先的垂直起降四旋翼无人机系统开发商，2006 年推出的 md4-200 四旋翼无人机系统开创了全球电动四旋翼无人机在专业领域应用的先河，2010 年推出的 md4-1000 四旋翼无人机系统在全球专业无人机市场取得了巨大成功，目前仍然是全世界多旋翼无人机领域里技术最先进、质量最可靠、应用最广泛的四旋翼无人机系统。截至，2013 年 md4 系列四旋翼无人机系统全球销售数量已经超过 1000 套，客户遍及警察、消防、军队、测绘、地质、考古、影视、环保、监控等多个专业领域。该公司的 md4-1000 无人机及 2017 年推出的 md4-3000 无人机，如图 5-19 和 5-20 所示。

图 5-19　microdrones md4-1000 无人机　　　图 5-20　microdrones md4-3000 无人机

md4-1000 四旋翼无人机系统是一种垂直起降小型自动驾驶无人飞行器系统，基于模块化的设计理念，可以灵活地更换机载任务设备以适应不同的任务要求，从微单数码相机、全画幅单反数码相机、高清视频摄像机、微光夜视系统、红外热成像夜视系统到高端的测温型红外热成像检测系统，从而可以在不同的光线环境下执行各种影像记录与传送任务，还可以搭载各种定制的专业设备，如三维激光扫描系统、多光谱摄像系统、空气采样监测系统、空中通信中继系统。md4-3000 无人机基于全新的专利空气动力学设计，拥有更强大的动力、更快的速度、更重的负载。

6. AscTec Falcon8 无人机

AscTec 为德国 Ascending Technologies 公司旗下的无人机品牌。该公司于 2002 年开始研发无人机，他们的 X-UFO 是最早的玩具四轴飞行器之一。Falcon 8 采用了 AscTec 自主研发的自驾系统，是一款超轻量型、享有专利的 V 字行布局设计的八旋翼飞机，如图 5-21 所示。对比于其他无人机，外挂相机不仅限于向下的视角，还可自由进行旋转调整视角。例如对桥梁进行监测时，可在桥下飞行，向上对桥体进行监测及测量。而无人机的整个框架结构也是由一种特殊设计的碳纤维组成。

图 5-21　AscTec Falcon8 无人机

Falcon 8 经常应用于小范围的建筑施工项目，是一个非常适用于小规模绘图、测量项目的解决方案。可以从各种高度获得高分辨率的、均匀的、精确的地理参照空中图像，在内部设置了 GPS 公差，提供了完整的传统测量方法。Falcon 8 单次飞行可覆盖 35hm²，配合 AgisoftPhoto Scan 或其他模拟处理软件，可提供重要、可靠的正射影像或三维模型。

5.4　实景建模软件 ContextCapture

倾斜摄影数据处理软件，最常见的是 Bentley 公司的 ContextCapture（被收购前称 Smart3D），它是一套无需人工干预，通过影像自动生成高分辨率的三维模型的软件解决方案，具有自动化程度高、人工干预少、成果效果好等优点。

ContextCapture 的特点是能够基于数字影像照片全自动生成高分辨率的三维模型。照片可以来自于数码相机、手机、无人机载相机或航空倾斜摄影仪等各种设备。适应的建模对象尺寸从近景对象到中小型场所到街道到整个城市，其构建的模型可达到毫米级精度。

5.4.1　软件概述

ContextCapture 软件的原理是分析从不同视点拍摄的几个照片的静态对象，并以自动检测对应于一个相同的物理点像素，通过连续拍摄且有 70% 重叠率的相邻两张照片自动生成高分辨率的三维模型。如雕塑、文物、街景、城市整体模型等都可以通过 ContextCapture 来实现。照片可以来自于任何数码相机或是智能手机中的相机。模型的精度主要取决于项目的任务目标、照片质量、拍摄距离、拍摄方式。

基于拍摄的普通照片，不需要昂贵的专业化设备，就能快速创建细节丰富的三维实景模型，并使用这些模型在项目的整个生命周期内为设计、施工和运营决策提供精确的现实环境背景。

5.4.2　软件功能

（1）使用来自于不同相机和传感器的图像
使用各种各样的相机，从智能手机到专业化的高空或地面多向采集系统。利用各种可以获得的图像格式和元数据来制作三维模型。

（2）创建动画、视频和漫游场景

通过呈现任何大小的快照，生成高分辨率的平剖面图和透视图。使用输出标尺、刻度和定位来设置图像大小和刻度，以便能够准确重复利用。充分利用基于时间的、直观逼真的漫游场景和对象动画系统，轻松快速地生成电影。

（3）创建高保真图像

使用高度逼真的影像支持精确的制图和工程设计。将几乎任何格式的影像和投影组合在一起。

（4）创建可扩展的地形模型

使用和显示大型可扩展的地形模型，提高大型数据集的投资回报。以多种模式显示可扩展的地形模型，例如带阴影的平滑着色、坡向角、立面图、斜坡和等高线等。使用DGN 文件、点云数据等源数据同步地形模型。

（5）生成二维和三维 GIS 模型

使用一系列完整的地理数据类型（包括真实正射影像、点云、栅格数字高程模型和Esri I3S 格式），生成准确的地理参考三维模型。包含 SRS 数据库接口，可确保与 GIS 解决方案的数据互用性。通过使用一系列传统的 CAD 格式，包括 STL、OBJ 或 FBX、点云格式生成三维 CAD 模型。创新的多分辨率网格，例如 Bentley 开放 3MX 来确保模型可在建模环境中访问。

（6）集成数据来自许多来源和现实网格

通过将附加数据附加到网格的特定部分，提供随后基于相关联的数据搜索和可视化网格区域的能力，来丰富现实网格与诸如地理空间信息的附加数据。

（7）整合位置数据

利用地面控制点或者 GPS 标签来生成精确的地理参照模型。能够定位项目，并更精确地测量坐标、长度、面积和体积。

（8）测量和分析模型数据

通过在三维视图界面内直接精确地测量距离、体积和表面积，节省获取准确答案所需的时间。

（9）几何模型源于实景建模数据

从现实网格和点云中提取断裂线、漆线、表面、位面、柱面及柱面中心线。有效地剪辑和截断点云和现实网格，以精简矢量提取。

（10）执行自动空中三角测量和三维重建

通过自动识别每张照片的相对位置和方向，充分校准所有图像。利用自动三维重建、纹理映射以及对捆绑关系和重建约束的重新处理，可确保得到高度精确的模型。

（11）发布和查看支持 Web 的模型

生成专门为 Web 发布而优化且可使用免费插件 Web 查看器进行查看的、任何大小的模型。它允许实时在 Web 上共享并以可视化方式呈现三维模型。

（12）可视化、操作和编辑现实建模数据

可视化和编辑数十亿点点云，更改其分类、颜色，删除或编辑点。操纵现实网格和可扩展地形模型与数亿个三角瓦片。导入、润饰和导出众多格式的网格。

5.4.3　软件架构

ContextCapture 采用了主从模式（Master-Worker），两大模块分别是 ContextCapture Master 和 ContextCapture Engine。

1. ContextCapture Master

ContextCapture Master 是 ContextCapture 的主要模块。通过图形用户接口，向软件定义输入数据，设置处理过程，提交过程任务，监控这些任务的处理过程与处理结果可视化等。这里需注意，Master 并不会执行处理过程，而是将任务分解为基础作业并提交给 Job Queue。

2. ContextCapture Engine

ContextCapture Engine 是 ContextCapture 的工作模块。它在计算机后台运行，无需与用户交互。当 Engine 空闲时，等待队列中的一个任务执行，这主要取决于它的优先级和任务提交的时间。一个任务通常由空中三角测量和三维重建组成。空中三角测量和三维重建采用不同的且计算量大的密集型算法，如关键点的提取、自动连接点匹配、集束调整、密度图像匹配、鲁棒三维重建、无接缝纹理映射、纹理贴图包装、细节层次生成等。

3. 主从模式

由于采用了主从模式（Master-Worker），ContextCapture 支持网格并行计算（Grid Computing）。只需在多台计算机上运行多个 ContextCapture 引擎端，并将它们关联到同一个作业队列上，就会大幅降低处理时间。ContextCapture 的网格计算功能主要基于操作系统的本地文件共享机制。它允许 ContextCapture 透明地操作 SAN（存储区域网络）、NAS（网络连接式存储）或者共享的标准 HDD（硬盘驱动器），无需配备任何特殊的网格运算集群或架构。

5.4.4　软件工具

1. Acute3D Viewer

Acute3D Viewer 为免费的轻量可视化模块，可以处理多重精细度模型（LOD）、分页（Paging）和网络流（Streaming），所以 TB 级的三维数据能够在本地或离线环境下顺畅地浏览。Acute3D Viewer 支持软件的原生 s3c 格式来查看浏览模型，它也整合了三维测量工具和瓦片选择工具，测量方面包括三维空间位置、三维距离和高差等信息。这里的瓦片选择工具对于后期模型的核心区域提取和重建都是十分有实用价值的，如图 5-22 所示。

图 5-22　Acute3D Viewer 软件界面

2. ContextCapture Settings

用于管理软件授权许可证和其他相关的软件配置。

3. ContextCapture Composer

用于为 Acute3D Viewer 修改设定各种三维格式化工程文件。当需要为 osgb 数据手动生成索引在 Acute3D Viewer 中查看时，这个工具就可以派上用场了。

5.4.5 适用范围

在实际建模过程中，ContextCapture 能够针对近至中距离的景物建模，也可以对自然景观的大场景建模，但最适用于复杂的几何形态及哑光图案表面的物体。建模目标体的基本特征见表 5-1。

建模适用范围   表 5-1

项目	范围	对象
适合对象	小范围	服装、家具、工艺品、雕像、玩具……
	大范围	地形地物……
不适合对象	纯色材料	墙壁、玻璃、水面……

5.4.6 数据格式

在三维数据格式方面，ContextCapture 可以生成很多格式，比如 3mx、3sm、s3c、osgb、obj、fbx、kml、dae、3pk、stl 等，一般使用最多的还是 osgb、obj 和 fbx 格式的数据，其中 obj 和 fbx 可以在多个建模软件里互导。这些数据格式也可采用成熟的技术快速进行网络发布，比如 osgb 格式可以直接在多种 GIS 云平台上传，实现共享应用。

5.4.7 计算机基础配置

1. 硬件配置

（1）CPU 核心频率不低于 4.0；

（2）内存不少于 32GB；

（3）显卡必须是英伟达 GTX 系列，建议型号不低于 GTX 780；

（4）C 盘使用 128GB 以上固态硬盘；

（5）至少配置 1 个 3TB 以上硬盘作为数据计算存储使用；

（6）根据以上配置配备合适的主板及大功率电源。

2. 系统及软件配置

（1）Win7 64 位；

（2）ACDsee 照片查看器；

（3）ContextCapture。

5.5 应用案例：宁波市中兴大桥倾斜摄影应用

5.5.1 项目背景

中兴大桥及其连接线工程起于宁波市中兴路—江南路口，沿中兴北路跨越甬江，止于青云路，全长约 2.62km，是通途路与世纪大道间跨甬江的重要交通主干道。工程总投资 22.6 亿元，主桥采用上层机动车、下层非机动车的双层布置，主跨 400m，V 形桥塔桥面以上高度 37m，为当今全球最大跨径的单索面矮塔斜拉桥，如图 5-23 所示。

图 5-23　中兴大桥效果图和实景照片

5.5.2　实施方案

本项目在方案阶段引入倾斜摄影技术，利用 1 台旋翼摄影相机，2 个工作人员花 2d 时间即完成 3.0km² 的现场拍摄，再利用 2d 时间完成自动建模。无论是外业影像拍摄还是内业数据处理效率都大大提高，如图 5-24 所示。

（a）　　　　　　　　　　　　　　　　　　　　（b）

图 5-24　倾斜摄影外业影像拍摄与内业数据处理
（a）倾斜摄影现场拍摄；（b）自动空三匹配

5.5.3　应用效果

通过倾斜摄影可以构建工程的真实三维场景，输出的点云数据格式可与达索、欧特克等多种 BIM 平台兼容，直接应用于三维场景设计，如图 5-25 所示。

基于倾斜摄影数据的可量测性，结合项目的规划条件，可准确计算出场地平整方量，且可用于明确可征范围土地的物理属性，了解地区内河道、城市道路、市政配套设施及动迁房分布情况等基础信息，通过多次拍摄掌握场地在动拆迁期间的动态变化，辅助土地征用决算，如图 5-26 所示。

图 5-25　倾斜摄影构建真实三维场景

图 5-26　基于倾斜摄影数据测量土地方量

（本项目由上海市政工程设计研究总院（集团）有限公司提供）

5.6　应用案例：华为松山湖

5.6.1　项目背景

在华为松山湖有轨电车设计中，包括线路、景观、建筑、桥梁、结构、排水、电气、GIS 等。集成了日建设计、华阳国际、岭南园林、英海特（inhabit）等国际知名设计院的设计成果，如图 5-27 所示。

图 5-27　华为松山湖园区 BIM 整体图

5.6.2　实施环境

华为松山湖有轨电车项目，是业界第一次将无人机、GIS、BIM、VR 等多元技术无缝结合在一起的超大体量项目。它用了多款软件，包括 CAD、revit、civil3D、Infra-works、fuzor、lumion、arcgis、Altizure、3DMAX，进行了多专业的协同。

　　在设计初期，采用相关无人机倾斜摄影软件等技术生成环境模型，其中包括规划建设中的房屋建筑模型。

　　由于园区环境的复杂性，采用瑞士固定翼无人机和大疆多旋翼无人机进行现状高精度数据采集（见图 5-28、图 5-29），改变周边环境原始的低效建立方法，缩短场地测绘时间，用 Autodesk recap 等软件进行复杂的数据处理，得到点云数据、三维模型数据，数据格式包括 tif、dem、dom、dsm、rcs、obj、osgb、bx 等，还原真实地形和现状，为后期高效的 BIM 设计打下基础。通过多次飞行（包括设计阶段、施工阶段），提高设计精度，用以贯穿项目的全生命周期。

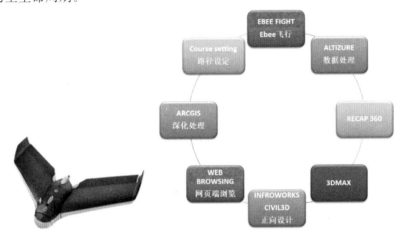

图 5-28　eBee 无人机　　　　　图 5-29　无人机飞行流程图

5.6.3　实施方案

步骤如下：

（1）SET FLYPATH

可以设定飞行路线，播放模拟轨道行进中的周边环境。

（2）EBEE FIGHT

使用安全性、稳定性很高的智能高精度测绘固定翼无人机，单兵现场规划路线，手抛起飞，地面站实时观测飞行参数，智能降落。

（3）CLOUD PROCESSING

无人机航测数据进行云端处理以后，可以下载一个分层显示优化的浏览器，进行三维量测，获得直线距离、投影高度、表面面积、投影面积以及填挖方数，为后面的设计进行辅助决策和作图。

（4）RECAP360

使用 recap 对无人机航拍照片生成的点云进行手工编辑，剔除水面、建筑物等，获得纯地形实景模型

（5）ARCGIS 地形制作

利用 arcgis 的 GIS 三维分析功能，对 recap 编辑后的地面点进行差值，生成栅格的地

形模型，方便导入 AIW 和 C3D 中进行设计和展示。

（6）3DMAX 操作视频

为了设计软件中的效果和性能，使用 3Dmax 对无人机建模数据进行修饰修复和简化，并且对重点模型进行单体建模。

（7）WEB BROWSING

无人机航测数据可以直接放入 Web 中进行访问，可以进行网上展示，结合周边地图，可以对设计及效果有更深入的理解。打开浏览器可以在 Web 中增加评论和分享，提高协同工作效率，并且可以与项目中相关部门一同查看和了解现状，辅助决策。

5.6.4 应用效果

在华为松山湖有轨电车设计中，多种新技术无缝融合，在 Infraworks 平台上多专业进行协同设计，为设计人员带来了极大便利，如图 5-30 所示。设计周期从 6 个月缩短至 2 个月，成功节约设计团队约 30% 的人力。通过 BIM 与 GIS 结合，在华为松山湖有轨电车项目这样地形复杂、景观要求高、多期工程紧密衔接的工程中发挥了重要作用。特别在以下 4 点具有突出优势：轨道与地形结合，提高了轨道纵断面 3D 设计准确性；方案变化，可实现快速调整响应；向业主汇报时，完全打破了平面化汇报方式，利于与业主达成共识；以 BIM 精准模型指导施工，减少返工。

图 5-30 华为松山湖有轨电车轨道 GIS＋BIM 模型

（本项目由上海市城市建设设计研究总院（集团）有限公司提供）

5.7 应用案例：深圳市沙河西路快速化改造工程

5.7.1 项目背景（工程概况、BIM 应用目标）

沙河西路快速化改造工程位于深圳市南山区，南起东滨路，北至茶光路，全长约 7.43km，标准段主线采用双向六车道，为城市快速路标准。本项目毗邻深圳湾公园、大沙河生态长廊、科技产业园等重要节点片区，并与深南大道、北环大道等城市主干道相交，是城市连接自然的生态景观通廊，同时也是促成高新园区产业并连接南北轴向的重要交通动脉。环境景观元素有待提升且交通流量远超负荷，升级改造刻不容缓。

旧路改造项目受现状条件约束情况众多，施工组织开展难度大，传统二维图纸对于立体空间表达存在较大的局限性，且勘察地形图无法直观展示项目周边建筑、道路、桥梁现状及景观环境元素。然而如何与周边现状道路、桥梁及建筑合理衔接却是旧路改造项目的重要设计难点。注重工程景观艺术的总体协调与美观，强调工程结构自身的美感，凸显景观一体化；适应地域历史文化特色；遵循因地制宜的原则，并能较好地与周边景观元素相融合，亦是深圳市交通建设工程景观艺术审查的重点内容。

利用实景建模在内的多种 BIM 技术创新应用，可较好地解决上述重点难点问题。采用实景建模技术，可提供极其丰富的三维环境，对项目现场建筑等控制条件一目了然，而且完整地展现了项目周边景观环境，为设计师提供真实、简洁、可靠的设计依据，让设计不再是从一张白纸开始；同时为满足现阶段国内交通领域 BIM 应用发展趋势，引入实景建模技术可为后续城市信息化、数据化、智慧化建设做好基础工作，如图 5-31 所示。

图 5-31　沙河西路滨海立交及现状环境实景模型

5.7.2　实施环境

1. 实施软件方案

利用无人机航拍照片创建实景模型，要求建模软件拥有较好的兼容性及稳定性，本项目选用 Bentley 公司开发的实景建模软件 Contextcapture，其前身为 Smart3D，是全球应用最广泛的基于数码照片生成全三维模型的软件解决方案，具有建模质量高、应用范围广的优点。软件所生成的实景模型导出为多种格式的模型，可进行相应应用，如 BIM 模型整合、测量、场景渲染、动画录制等。

2. 实施硬件方案

在硬件方面，无人驾驶航空器在测绘行业的应用主要有固定翼无人机、旋翼无人机（单旋翼、多旋翼）、飞艇等。固定翼无人机多应用于城市级测绘，且对城市空域干扰较大。飞艇则因为本身成本较高、空域、拍摄等问题无法得到大规模应用。多旋翼无人机因为其结构简单、维护成本低成为了项目级实景建模的首选平台。

现阶段多旋翼无人机市场上选择方案较多，鱼目混杂，选择无人机的品牌及型号需基于售后、稳定性等因素考虑。经调研对比，大疆 M600PRO 无人机性能强劲、飞行精度高、维保简单，搭配大疆出品的 Gspro、DJIgo 等配套软件，可以实现一键飞行、三维建模拍摄、降落，极大地节省了人工成本的支出。同时，对于倾斜相机而言，市场主要解决方案有"五镜头"、"四镜头"、"双镜头"等不同种类。相机的选用需考虑续航时间、拍摄质量等综合因素，其中大势智慧双鱼座"双镜头"倾斜相机具有拍摄质量高、自身重量轻等特点，作为项目首选。综上所述，本项目选用大疆 M600PRO 无人机作为测绘无人机航空器（见图 5-32），搭载大势智慧双鱼座"双镜头"倾斜相机（见图 5-33）；对项目周边场地进行航拍，采用 Bentley 公司开发的 Contextcapture 软件对航拍照片进行处理并建立实景模型。

图 5-32　大疆 M600PRO 无人机　　　　　图 5-33　双鱼座"双镜头"倾斜相机

5.7.3　实施方案

航拍外业进行前，需做好在 Google Earth 中绘制拍摄范围，并根据设备参数及项目状况来绘制相应 KML 文件等准备工作。将 KML 文件导入大疆 GSpro 中，系统将自动计算飞行面积、制定飞行任务并通过一键操作后自动执行飞行任务，连续拍摄 80% 重叠率且带有 POS 信息的影像数据，若倾斜相机拍摄的影像数据不带有 POS 信息或 POS 信息精度不够时，需增加 Rtk 设备来添加像控点。同时，利用 GSpro 执行飞行任务时，需同时在 DJIgo 中设置相关参数，并随时监控无人机飞行状态。

将航拍照片导入 Contextcapture 软件，软件首先自动利用空中三角测量法进行空三计算，获得点云数据，然后再进行三维重建后，生成包含现场现状道路、桥梁、建筑等实测内容的三维实景模型。由于每张照片和视频都含有 POS 信息，即照片的经度、纬度、高度信息。所以将航拍照片和视频导入 Contextcapture 软件生成的模型即为实景模型，该模型的数据信息（长、宽、高、面积、体积等）与实景的数据信息一致，误差值最高 1%。模型的精度以厘米为单位计算，主要取决于本项目的拍摄距离、拍摄方式等控制因素。

将所生成的模型导出为 obj 格式文件，再通过第三方软件对模型可能存在的瑕疵进行修复后导回 Contextcapture 软件进行重建，即可输出供设计人员所利用的具备地理信息的三维实景模型。实施方案流程如图 5-34 所示。

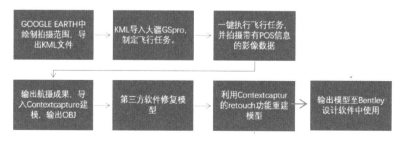

图 5-34　实施方案流程图

5.7.4 应用效果

利用无人机倾斜摄影技术，对本项目重点标段滨海-沙河西立交节点周边 1km² 范围进行无人机航拍，生成任意真实比例并具有地理信息的现场实景模型，该模型包括深圳市地标建筑深圳湾体育中心"春茧"和"深圳湾公园"。设计师可在模型上进行实景测绘，得出准确数据，衡量并分析现场条件，减少了设计现场踏勘的时间。

同时，基于实景模型，在充分认识和熟悉周边环境并结合相关技术要求和详细的测量数据后（见图 5-35），可在较短的时间内设计出多种立交方案。根据是否满足市政工程的功能性、施工可行性和便民性的原则，并针对现场周边景观环境因素，结合三维设计模型对设计成果进行多方案可视化比选及优化（见图 5-36），得出既满足工程需求又具备突出现代、时尚、活力且因地制宜的最优设计方案，在提高设计效率的同时也节约设计成本。

图 5-35 实景模型实测道路宽度　　　　　图 5-36 实景模型中进行节点改造设计

（本项目由深圳市市政设计研究院有限公司提供）

5.8 应用案例：上海市玉阳大道

5.8.1 项目背景

上海市玉阳大道新建工程位于上海市松江区，本工程西起辰塔路，起点桩号 K0＋000，终点桩号 K2＋137.89，路线全长约 2.14km，车道规模为双向四快二慢，道路等级为城市次干路。全线新建跨越坝河大桥一座，桥长 435m；地面中小桥三座，合计 65m。新建雨水管 4188m，污水管 2170m，并同步建设道路照明、交通标志标线、海绵城市、绿化等附属设施。

本项目 BIM 应用阶段为可行性研究阶段，本项目由于拟建区域范围内主要为厂房、农田及部分民房，涉及的企业及居民动迁较多，通过无人机对项目所在地现状进行实景航拍直观反映场地地形、项目拆迁影响范围等。此外，通过无人机倾斜摄影对项目场地进行实景建模，为工程模型提供真实的周边环境，将 BIM 模型与实景模型进行融合，在真实的场景下进行不同桥型方案的比选。

5.8.2 实施环境

本项目的航拍无人机选择大疆公司的精灵 Phantom 3 Professional 无人机，如图 5-37

所示。该无人机为四旋翼无人机，重 1280g，最大水平飞行速度为 57.6km/h，单次飞行时间约 23min，无人机的相机为 1200 万像素，支持 4K 视频拍摄。本项目无人机飞行控制软件为大疆的 DJI go 手机 APP，BIM 建模软件为 Autodesk 公司的 Revit2017 软件，模型整合和漫游软件为 Autodesk 公司的 Infraworks2017 软件。本项目的主要软硬件实施环境见表 5-2。

图 5-37　大疆精灵 Phantom 3 Professional 无人机

上海市玉阳大道项目主要软硬件实施环境　　　　　　　　　　　表 5-2

内容	描述
设计单位	同济大学建筑设计研究院（集团）有限公司
使用软件	DJI go、Revit、Infraworks
使用硬件	大疆精灵 Phantom 3 Professional 无人机
应用阶段	可行性研究阶段

5.8.3　实施方案

（1）无人机拍摄前的准备工作。首先是数据收集，收集的数据包括电子版地形图、图纸等，查询拍摄区域是否属于禁飞区；然后根据项目特点和需要建模的内容、精度要求等对拍摄路径、拍摄高度、拍摄照片分布等做出规划。

（2）无人机航拍、实景建模。对项目红线范围内和红线范围外 200m 范围的场地进行无人机航拍。航拍分为两部分：航拍视频和航拍照片，航拍视频用于添加道路红线反映场地现状和拆迁影响范围，航拍照片用来进行场地现状的实景建模。

（3）根据多个设计方案建立相应的 BIM 模型，将周边环境模型与方案 BIM 模型进行整合，并校验模型的完整性、准确性。

（4）生成项目规划方案模型，作为阶段性成果提交给建设单位，并根据建设单位的反馈意见修改设计方案。

（5）生成项目的漫游视频，并与最终方案模型一起交付给建设单位。

本项目 BIM 应用包含的模型元素主要有：场地地形、场地地物、道路模型、桥梁模型等，模型信息交付要求见表 5-3。

模型元素和模型信息交付要求　　　　　　　　　　　表 5-3

模型元素	模型信息交付要求
场地地形（G2）	几何信息应包括：位置和外轮廓尺寸等（N1） 非几何信息应包括：名称、航道等级等（N1）

续表

模型元素	模型信息交付要求
场地地物（G2）	工程红线范围内和红线范围外 200m 的建（构）筑物 几何信息应包括：位置、外轮廓尺寸及高度等（N1） 非几何信息应包括：名称、类型等（N1）
各方案道路、桥梁模型（G2）	几何信息应包括：位置、外轮廓尺寸等（N2） 非几何信息应包括：名称、材料信息、工程量信息等（N2）

5.8.4　应用效果

本项目采用无人机进行了场地现状的航拍，在航拍视频的基础上结合设计资料将设计道路的红线范围添加到实景航拍视频中，与地形图相比更能直观反映场地现状的拆迁情况和项目的影响范围，如图 5-38 所示。

图 5-38　航拍视频加道路红线图

此外，本项目采用无人机航拍照片进行实景建模，得到场地现状的实景模型，并将不同方案的 BIM 模型与实景模型结合，在真实的场地环境下展示设计方案（见图 5-39），充分运用三维场景的可视化功能，实现项目设计方案决策的直观和高效。

图 5-39　桥梁方案比选

（本项目由同济大学建筑设计研究院（集团）有限公司提供）

5.9　应用案例：永康市旅游提升改造方案

5.9.1　项目背景

　　永康市位于浙江省中部金华地区，东邻台州，南邻丽水，北接东阳、义乌，处于浙中城市群的中间位置，是连接浙江和华东地区的重要交通枢纽，永康市内铁路、高铁、公路网密集，四通八达，交通区位良好。

　　方岩镇景区位于永康市方岩镇内，西侧与芝英镇公婆岩毗邻，南侧可通达杨溪水库，景区距离永康市中心约 20km。老街是方岩景区内最具特色的景点之一，老街由百年历史的老宅群落组成，近代由于私搭乱盖较为严重，对原有老宅形成强烈的冲击，破坏了原有的老街建筑肌理。近年来在政府的大力推动下，拆除了不少违章建筑及对景区有破坏性的建筑。现状建筑均为有保留价值的老宅和损坏率达到 50% 的老宅。本次项目秉着修旧如旧的原则，在不破坏原有老街建筑肌理的基础上全力打造 5A 级旅游景区，如图 5-40 所示。

图 5-40　方岩镇景区现状

5.9.2　实施方案

　　中国市政工程华北设计研究总院有限公司首次将无人机倾斜摄影技术用于老街改造项目的现状影像采集和数据分析工作，极大地提高了工作效率，有力地推动了项目改造工作。

通过对无人机航拍采集的基础数据进行分析，可以全面了解项目现状情况和结构形态，分析项目现状特点，提升更新方案的科学性、合理性、针对性，如图 5-41 所示。

图 5-41　无人机航拍采集的基础数据

通过影像采集分析工作留存项目历史变迁印记，可以使项目实施监管更加有的放矢，也可以为城市历史文化传承做出贡献。具有保留价值的历史建筑，可以为后续实施拆改工作提供数据支持，如图 5-42 所示。

图 5-42　方岩老街提升方案

5.9.3　应用效果

倾斜摄影是近年来航测领域逐渐发展起来的新技术，相对于传统航测采集的垂直摄影数据，通过新增多个不同角度的镜头，获取具有一定倾斜角度的倾斜影像。应用倾斜摄影技术，可同时获得同一位置多个不同角度的、具有高分辨率的影像，采集丰富的地物侧面纹理及位置信息。通过倾斜摄影技术获取资料，成本低、数据准确、操作灵活、作业效率更高。

以 1km² 范围为例，传统纯人工方式采集数据并制作实景模型，一个人需要 3 个月的时间；采用无人机倾斜摄影技术进行外业航拍，同样一个人只需要忙 3 天。

由于数据采集地域属于山区，地形起伏，所以我们用了一周的时间才完成了老街现状影像采集分析工作，航拍面积 0.52km²。

（本项目由中国市政工程华北设计研究总院有限公司提供）

第6章　三维激光扫描

三维激光扫描技术是集光、机、电和计算机技术于一体的高新技术，是对物体空间外形和结构及色彩进行扫描，以获得物体表面的空间坐标。它的重要意义在于能够将实物的立体信息转换为计算机能直接处理的数字。

6.1　技术背景

6.1.1　三维激光扫描应用必要性

如何快速、准确、有效地获取空间三维信息，是许多学者深入研究的课题。随着信息技术研究的深入及数字地球、数字城市、虚拟现实等概念的出现，尤其在当今以计算机技术为依托的信息时代，人们对空间三维信息的需求更加迫切。基于测距测角的传统工程测量方法，在理论、设备和应用等诸多方面都已相当成熟，新型的全站仪可以完成工业目标的高精度测量，GPS可以全天候、一天24h精确定位全球任何位置的三维坐标，但它们多用于稀疏目标点的高精度测量。

随着传感器、电子、光学、计算机等技术的发展，基于计算机视觉理论获取物体表面三维信息的摄影测量与遥感技术成为主流，但它在由三维世界转换为二维影像的过程中，不可避免地会丧失部分几何信息，所以从二维影像出发理解三维客观世界，存在自身的局限性。因此，上述获取空间三维信息的手段难以满足应用的需求，如何快速、有效地将现实世界的三维信息数字化并输入计算机成为解决这一问题的瓶颈。

三维激光扫描技术不同于单纯的测绘技术，它主要面向高精度逆向三维建模及重构，传统测绘技术主要是单点精确测量，但用它做建模工作时就爱莫能助了，因为描述目标结构的完整属性需要大量的测绘点采集，少则几万个，多则几百万个以上，这样才能把目标完整地搬到电脑中来，所以用现代高精度传感技术做辅助就解决了这个问题，三维激光扫描技术就是这类全自动高精度立体扫描的技术。

6.1.2　三维激光扫描技术

三维激光扫描技术是20世纪90年代中期开始出现的一项高新技术，是继GPS空间定位系统之后又一项测绘技术新突破。它通过高速激光扫描测量的方法，以被测对象的采样点（离散点）集合为"点云"的形式，获取物体或地形表面的阵列式几何图像数据。可以快速、大量地采集空间点位信息，为快速建立物体的三维影像模型提供了一种全新的技术手段。

三维激光扫描技术又称为"实景复制技术"，它可以深入到任何复杂的现场环境中进行扫描操作，并直接将各种实体的三维数据完整地采集到电脑中，进而快速重构出目标的三维模型及线、面、体、空间等各种制图数据。同时，它所采集的三维激光点云数据，还可进行各种后处理工作（如测绘、计量、分析、仿真、模拟、展示、监测、虚拟现实等）。采集的所有三维点云数据及三维建模数据，都可以通过标准接口格式转换给各种工程软件直接应用。

三维激光扫描仪小型便捷、精确高效、安全稳定、可操作性强，能在几分钟内对所感兴趣的区域建立详尽、准确的三维立体影像，提供准确的定量分析。可以广泛应用于各行各业，如快速建立城市模型、古建测量与文物保护、逆向工程应用、复杂建筑物施工、地质研究、建筑物形变监测以及在安全方面的应用等。

6.1.3　三维激光扫描技术特点

（1）非接触测量

采用非接触目标的方法，无需反射棱镜，对扫描目标物体不需进行任何表面处理，直接采集物体表面的三维数据，所采集的数据完全真实可靠。

（2）数据采样率高

采样点数远远高于传统测量的采样点数，脉冲式激光扫描方法的采样点数可达到数千点/s，而相位式激光测量的采样点数更可高达数十万点/s。

（3）主动发射扫描光源

三维激光扫描技术可以不受扫描环境的影响主动发射激光，通过自身发射的激光的回波信息来解得目标物体表面点的三维坐标信息。

（4）高分辨率、高精度

三维激光扫描可以快速获取高精度、高分辨率的海量点位数据，可以高效率地获取目标物体表面点的三维坐标，从而达到高分辨率的目的。

（5）数字化兼容性好

通过直接获取数字信号采集数据，所以具有全数字特征，方便进行后期处理和输出，且它的后期处理软件与其他软件有很好的共享性。

（6）多学科融合

涉及现代电子、光学、机械、控制工程、图像处理、计算机视觉、计算机图形学、软件工程等技术，是多种先进技术的集成。

6.1.4　三维激光扫描数据处理

利用三维激光扫描仪获取的点云数据构建实体三维几何模型时，对于不同的应用对象、不同点云数据的特性，三维激光扫描数据处理的过程和方法也不尽相同。整个数据处理过程包括数据采集、数据预处理、几何模型重建和模型可视化，以一个拱桥为例，如图 6-1 所示。数据采集是模型重建的前提，数据预处理为模型重建提供可靠精选的点云数据，降低模型重建的复杂度，提高模型重建的精确度和速度，如图 6-2 所示。

数据预处理阶段涉及的内容有点云数据的滤波、点云数据的平滑、点云数据的缩减、点云数据的分割、不同站点扫描数据的配准及融合等；模型重建阶段涉及的内容有三维模型的重建、模型重建后的平滑、残缺数据的处理、模型简化和纹理映射等。

三维激光扫描生成的点云数据经过专业软件的处理，即可转换为 BIM 模型数据（见

图 6-3），进而可以与 CAD 模型（见图 6-4）、BIM 模型进行对比，寻找施工现场和设计模型的不同点。三维激光扫描技术成为连接 BIM 模型和工程现场的纽带。运用三维激光扫描和 BIM 模型的结合可以很好地弥补施工前和施工中质量管理的短板。

图 6-1　拱桥

图 6-2　拱桥点云数据

图 6-3　拱桥 BIM 模型

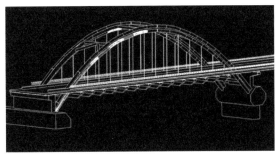

图 6-4　拱桥 CAD 模型

6.1.5　三维激光扫描发展

随着三维激光扫描技术的发展，目前基于点云数据自动化建模的技术也日益成熟。三维激光扫描仪能够获取更高精度的地物类型，从而能够更加精细地还原目标地物的几何结构。结合倾斜摄影测量照片，能够将精细的几何结构赋予真实高清的贴图。这就是目前主流的激光点云和影像多源数据融合的建模技术，以 Contextcapture 软件技术为代表。

三维激光扫描作为一种最先进的数字测量方式，不仅可以高精度采集现场真实坐标数据，还可以作为后期规划、制图、资料存档、形变检测等工作的理想测量数据来源，如图 6-5 所示。城市道路、立交桥的日常维护与检测是一项关系到交通安全的重要工作。自

  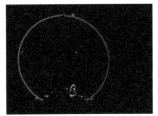

图 6-5　三维激光扫描应用——隧道监测

然环境、交通拥堵和偶发性事故都会对道路桥梁造成影响。使用三维激光扫描技术，就算是细微的形变也可以准确快速地监测到。

6.2　技术原理

6.2.1　三维激光扫描技术定义

三维激光扫描技术（3D Laser Scanning Technology），是通过三维激光扫描仪获取目标物体的表面三维数据，对获取的数据进行处理、计算、分析，进而利用处理后的数据从事后续工作的综合技术。三维激光扫描技术又称为"实景复制技术"，它不同于单纯的测绘技术，主要面向高精度逆向工程的三维建模与重构。

三维激光扫描仪（3D laser scanner），是通过发射激光来扫描获取被测物体表面三维坐标和反射光强度的仪器。

三维激光扫描技术的核心组成是激光发射器、激光反射镜、激光自适应聚焦控制单元、CCD 技术、光机电自动传感装置等。

6.2.2　三维激光扫描仪工作原理

三维激光扫描仪利用激光测距的原理，通过高速测量记录被测物体表面大量密集点的三维坐标、反射率和纹理等信息，可快速复建出被测目标的三维模型及线、面、体等各种图件数据。由于三维激光扫描系统可以密集地大量获取目标对象的数据点，因此相对于传统的单点测量，三维激光扫描技术也被称为从单点测量进化到面测量的革命性技术突破。

无论三维激光扫描仪的类型如何，其构造原理都是相似的。三维激光扫描仪的主要构造是由一台高速精确的激光测距仪，配上一组可以引导激光并以均匀角速度扫描的反射棱镜。激光测距仪主动发射激光，同时接收由自然物表面反射的信号从而可以进行测距，针对每一个扫描点可以测得测站至扫描点的斜距，再配合扫描的水平和垂直方向角，可以得到每一个扫描点与测站的空间相对坐标。如果测站的空间坐标是已知的，那么就可以求得每一个扫描点的三维坐标，如图 6-6 所示。

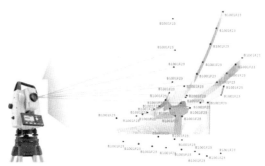

图 6-6　三维激光扫描

6.2.3　地面型三维激光扫描系统工作原理

三维激光扫描仪发射器发出一个激光脉冲信号，经物体表面漫反射后，沿几乎相同的路径反向传回到接收器，可以计算出目标点 P 与扫描仪之间的距离 S，控制器同步测量每个激光脉冲横向扫描角度观测值 α 和纵向扫描角度观测值 β。三维激光扫描测量一般为仪器自定义坐标系。X 轴在横向扫描面内，Y 轴在横向扫描面内与 X 轴垂直，Z 轴与横向扫描面垂直。获得目标点 P 的坐标，如图 6-7 所示。

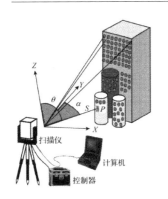

图 6-7 地面三维激光扫描仪系统组成与坐标系

整个系统由地面三维激光扫描仪、数码相机、后处理软件、电源以及附属设备构成，它采用非接触式高速激光测量方式，获取地形或者复杂物体的几何图形数据和影像数据。最终由后处理软件对采集的点云数据和影像数据进行处理转换成绝对坐标系中的空间位置坐标或模型，以多种不同的格式输出，从而满足空间信息数据库的数据源和不同应用的需要。

6.2.4　点云数据

点云数据除了具有几何位置以外，有的还有颜色信息。颜色信息通常是通过相机获取彩色影像，然后将对应位置的像素的颜色信息（RGB）赋予点云中对应的点。强度信息的获取是三维激光扫描仪接收装置采集到的回波强度，此强度信息与目标的表面材质、粗糙度、入射角方向以及仪器的发射能量、激光波长有关。

6.2.5　三维激光扫描技术工作流程

三维激光扫描应用方案总体可以分为三个阶段，即现场实测扫描、点云数据处理、高级三维检测。处理后的数据可以直接导入 CAD 软件辅助建模，分阶段的工作流程如图 6-8 所示。

图 6-8　三维激光扫描技术工作流程图

6.2.6　三维建模步骤

1. 噪声去除

噪声去除指除去点云数据中扫描对象之外的数据。在扫描过程中，由于某些环境因素的影响，比如移动的车辆、行人及树木等，也会被扫描仪采集，这些数据在进行后处理时就要删除。

2. 多视对齐

由于被测件过大或形状复杂，扫描时往往不能一次测出所有数据，而需要从不同位置、多视角进行多次扫描，这些点云就需要对齐、拼接，称为多视对齐。点云对齐、拼接可以通过在物体表面布设同名控制点来实现。

3. 数据精简

由于点云数据是海量数据，在不影响曲面重构和保持一定精度的情况下需要对数据进行精简。常用的精简方法有：平均精简、按距离精简。

4. 曲面重构

为了真实地还原扫描目标的本来面目，需要将扫描数据用准确的曲面表示出来，这个过程叫做曲面重构。

5. 三维建模

经过曲面重构后，就可以进行三维建模，还原扫描目标的本来面目。

6.3　软硬件支持

6.3.1　三维激光扫描仪分类

1. 按扫描平台分类

三维激光扫描仪按照扫描平台的不同可以分为：机载（或星载）三维激光扫描仪、地面型三维激光扫描仪、便携式三维激光扫描仪，如图 6-9 所示。

  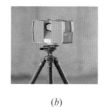 

（a）　　　　　　　　　　　　　　　（b）　　　　（c）

图 6-9　三维激光扫描仪

（a）机载三维激光扫描仪；（b）地面型三维激光扫描仪；（c）便携式三维激光扫描仪

2. 按有效扫描距离分类

三维激光扫描仪按照有效扫描距离的不同，可以分为：

（1）短距离三维激光扫描仪：其最长扫描距离不超过 3m，一般最佳扫描距离为 0.6～1.2m，通常这类扫描仪适合用于小型模具的量测，不仅扫描速度快而且精度较高，扫描点数可以达到三十万个点/s，精度至±0.018mm。

（2）中距离三维激光扫描仪：最长扫描距离小于 30m 的三维激光扫描仪属于中距离三维激光扫描仪，其多用于大型模具或室内空间的测量。

（3）长距离三维激光扫描仪：扫描距离大于 30m 的三维激光扫描仪属于长距离三维激光扫描仪，其主要用于建筑物、矿山、大坝、大型土木工程等的测量。

（4）航空三维激光扫描仪：最长扫描距离通常大于 1km，并且需要配备精确的导航定位系统，其可用于大范围地形的扫描测量。

之所以这样进行分类，是因为激光测量的有效距离是三维激光扫描仪应用范围的重要条件，特别是针对大型地物或场景的观测，或是无法接近的地物等，这些都必须考虑到扫描仪的实际测量距离。此外，被测物距离越远，地物观测的精度就越差。因此，要保证扫描数据的精度，就必须在相应类型扫描仪所规定的标准范围内使用。

6.3.2　Bentley Pointools 点云数据处理软件介绍

Bentley Pointools 点云数据处理软件在单一工作流中，能快速实现可视化、操作、动画和点云编辑。这种简化的流程可以减少生成时间，提高整体准确度。

1. Bentley Pointools 云处理功能

Bentley Pointools 由行业领先的点云引擎 Pointools Vortex 提供支持，可支持大型点云。用户可以处理包含数十亿点的大型数据集，以交互方式管理场景参数并快速加载和卸载本地格式点云 POD 模型。用户将体验到高性能传输与点云密度、清晰度和细节的最大视觉，具有如下功能：

（1）高性能点云引擎；

（2）快速进行详图制作、以层为基础的编辑和数据细分；

（3）专业质量的图片、动画和影片；

（4）碰撞检测。

Bentley Pointools 可以轻松导入和查看三种类型的对象：

（1）点云，可从大范围的扫描仪导入；

（2）纹理三维模型，可从大量常用模型格式中导入；

（3）二维 CAD 制图，可从 DXF、DWG 和 SHP 文件格式导入。

生成专业品质的图片、动画和电影，或高分辨率平剖面图和透视图，满足项目需求。

2. Bentley Pointools 点云数据处理软件功能介绍

（1）创建动画、视频和漫游场景：通过呈现任何大小的快照，生成高分辨率的平剖面图和透视图。使用输出标尺、刻度和定位来设置图像大小和刻度，以便能够准确重复利用。充分利用基于时间的、直观逼真的漫游场景和对象动画系统，轻松快速地生成电影。

（2）从点云中检测冲突：将点云数据值扩展至设计流程中。无论使用 Bentley 的 Navigator 还是 Descartes 产品，均可在决策流程中利用现实世界数据和设计数据之间的冲突检测。

（3）区分点云：自动标识对象之间的差异。可以比较同一区域中的两个点云，并标识数据中出现的任何增减。使用差异工具可检测更改，并随时监控建筑工地的进度和其他管理项目。

（4）编辑点云：使用点层技术编辑点云的大型数据集，实现无与伦比的编辑速度。在 128 个层之间移动点，隔离要详细编辑的区域。操作、清理或细分点云模型，以便清洁和丰富点云模型，使其更易于重复利用。

（5）从点云中为几何图形建模：从点云中提取断线、绘图线、表面、平面、圆柱和圆柱中心线。有效剪辑和切割点云，从点云中简化矢量提取流程。

（6）处理与可视化大规模点云数据：利用高性能显示技术，处理并可视化具有数以亿计的庞大数据点集。可视化点云通过多种细微渐变选项，使视觉诠释更加简便。

（7）对点云进行批注：向点云添加注释，确保项目的每位参与者拥有最新信息，能够远程审查现场，并且可以准备现场操作。

6.4　三维激光扫描技术在工程建设中的应用

6.4.1　规划设计阶段

三维激光扫描技术在工程建设规划初期可以完美地提供工程建设现场 1：1 的真彩色三维点云模型，包括地形地貌、交通线路、周边建筑，获取更加全面的基础信息（见图 6-10），为规划设计提供准确依据。另外，设计的 BIM 模型可以匹配到扫描的点云数据中，来进一步检查设计与现场周边环境的冲突。

图 6-10　工程建设现场点云数据

6.4.2　地形测绘

常规测量地形是通过地形的特征取点，然后通过点的连线得出最终的地形图，常规手段无法对复杂地形进行测绘，因为地形变化大所产生的海量特征点用常规手段将花费大量的外业时间。

三维激光扫描仪高质量的三维点云和快速的扫描速度以及对地形变化的完整记载，能够立体地体现地形数据，灵活的数据格式方便各种结果的输出，解决常规测量无法实现的测量结果，如图 6-11 所示。

图 6-11　三维点云地形数据

6.4.3　隧道验收

由于隧道工程施工的特殊性，使得隧道测量变成了测量学的难题，隧道挖方量的计算、理想隧道和实际挖掘隧道之间存在的多挖欠挖比较以及危险环境下怎样快速获得数据保证外业人员人身安全，这些问题随着三维激光扫描技术在隧道施工验收方面的应用迎刃而解，为隧道施工节约了大量成本，降低了外业的危险系数，为隧道施工验收提供最好的解决方案，如图 6-12 所示。

图 6-12　隧道验收三维点云数据

6.4.4　大修工程

随着城市的发展，几乎都会面临建筑物大修的问题，由于设计及施工的时间跨度大、大修时期很难找到完全和现场情况匹配的结构图纸资料，这为大修设计和施工等工作带来了不利因素。如果以传统的测绘手段重新测量获取现场数据将是一个几乎不能完成的任务，在这种情况下使用三维激光扫描技术获取现场实际三维点云数据，可为设计方提供真实可靠的数据进而很好地解决这个问题，如图 6-13 所示。

图 6-13　桥梁三维点云数据

6.5　应用案例：上海市浙江路桥大修工程

6.5.1　项目背景

浙江路桥是位于上海市区苏州河上的桥梁，建成于 1908 年，迄今已有百余年的历史，属于上海市市级文物，该桥所用钢构件由英国道门朗（Dorman Long）公司生产制造。桥梁南接黄浦区浙江中路，北连闸北区浙江北路，结构形式为鱼腹式钢桁架结构桥梁，单跨跨越苏州河，跨径 60m，如图 6-14 所示。

图 6-14　浙江路桥全貌

由于浙江路桥为百年老桥，原始设计图纸残缺不全，许多构件的原始尺寸均已缺失。再加上经过百年的运营，老桥的变形现状无法得知，因此很有必要对浙江路桥的现有空间线形进行扫描，对老桥结构内力计算、新构件设计以及大修施工均能起到很好的指导作用。

6.5.2　大空间激光点云扫描

采用大空间激光点云扫描仪进行主桥的扫描工作，激光点云扫描仪的精度为 100m 内误差为 2mm，针对浙江路桥高精度需求，全桥共设置了 25 个测站点，如图 6-15 所示，各个分站的数据采用 realworks 软件自动将其拼接成全桥模型，拼接完成后可以形成 asc、bsf、dgn、dwg、dxf、las、laz、rcp、rcs、pod 等多种格式。

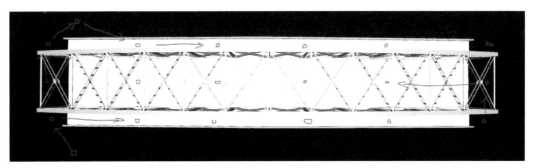

图 6-15　总体站位布置图

此外，通过三维扫描，可以有效保存桥梁在原桥位的状态数据，为评估桥梁的健康状态提供便利，如图 6-16、图 6-17 所示。

图 6-16　主桥三维扫描

图 6-17　主桥三维扫描成果

在点云模型上可以直接测量结构尺寸，与理论数据对比分析，一方面可以指导建立准确的计算模型，真实反映结构受力情况，另一方面可以指导新构件的设计与加工制造。

新桥拼装完成后，对全桥再进行一次扫描。将扫描结果与设计理论尺寸进行对比，能较为全面地评价加工制造及拼装精度，更好地反映施工质量，如图 6-18～图 6-20 所示。

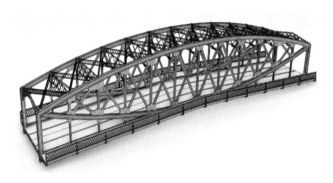

图 6-18　全桥理论模型

图 6-19　全桥点云数据

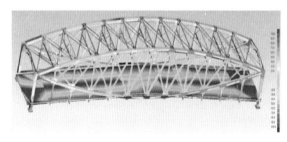

图 6-20　全桥理论模型与点云数据对比

6.5.3　高精度白光扫描

本工程每个节点上都有诸多节点板，每块节点板上又有许多铆钉孔，由于设计图纸为一百多年前的英制版本，所以利用图纸加工节点板的误差较大。为确保新制构件能顺利安装至老结构上，传统做法是将原节点板拆卸下来以后，从上海的维修厂房长途运输至位于扬州的钢结构加工厂进行配钻加工。这种方式既浪费施工时间，又需要花费较高的运输成本。

根据项目施工的实际情况，引入高精度的三维扫描设备—白光扫描仪，其扫描精度可以达到 1m 内误差为 0.1mm，完全满足本工程钢结构加工制造的需求。

通过白光扫描仪，扫描拟修复的节点板（4、5、6、7、8 号外侧）以及螺栓孔位置，精确控制螺栓孔的孔位，确保新老结构在连接上的精确度。采用这种源于制造业的技术手段，可以有效提高节点板的加工精确度，同时节省大量时间。

1. 扫描过程

采用高精度白光扫描仪进行节点数据的采集，在扫描工作开始前需要进行一些准备工作：板件上需要贴上无数个带有磁性的定位点、扫描工作需在光线暗的地方进行、板件上不得有杂物，如图 6-21 所示。扫描过程中需要打开电脑的扫描软件，在进行扫描工作时，采集到的数据会实时传入扫描软件中，边扫描边可以看到数据的完整性，如图 6-22 所示。

图 6-21　节点数据的采集　　　　　　　图 6-22　节点数据处理

扫描完成后，将扫描的原始数据处理成加工厂易看懂的 CAD 图纸，可以直观地得到节点板的原始数据，为节点改造工作提供充分的依据。

2. 数据分析

扫描完成后，在扫描软件中将一些不需要的杂物除去，留下构件本身的数据，数据处理成 igs 格式，在 Catia 软件中导出 CAD 格式，此格式的数据可以直接捕捉点，做数据的再处理，如图 6-23 所示。随后可以发给加工厂，可以直观地得到节点板的加工数据，如图 6-24 所示。

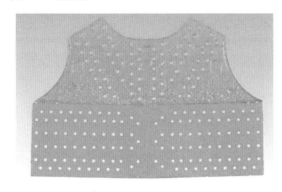
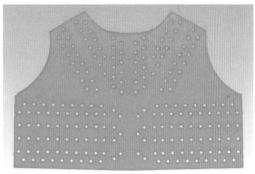

图 6-23　节点板原始扫描数据及节点板数据处理

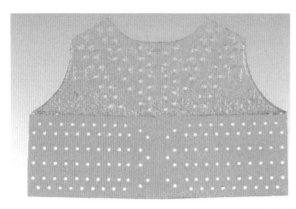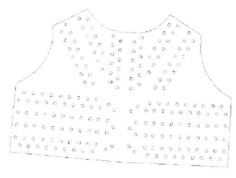

图 6-24　数据处理为加工数据

6.5.4　应用效果

采用高精度白光扫描技术，节省了构件运输费用：20 处构造复杂的节点板区域所有板件，按一般生产安排，需要分 4 批运回 400km 外的钢结构加工基地，每次运费 4 万元，一共 16 万元。

此处仅仅是最直接的效益分析，采用新技术能提高施工精度，方便施工组织，从而节省工期，是无法简单用数据体现的。

（本项目由上海市政工程设计研究总院（集团）有限公司提供）

6.6　应用案例：梅山春晓大桥钢结构数字化扫描预拼装

6.6.1　项目背景

梅山春晓大桥起点位于宁波市北仑春晓洋沙山东六路与春晓东八路交叉口，以桥梁形式跨越梅山湾，接梅山岛盐湖路，全长约 1.8km，为宁波梅山岛与北仑大陆连接的特大型跨海桥梁。主桥为主跨 336m 中承式双层桁架拱桥，其中间 108m 范围内设置下层纵移桥架，纵移打开后可满足 500t 级海轮通航要求，为国内首座双层纵移开启式桥梁，如图 6-25 所示。技术标准如下：道路等级为城市主干路，双向六车道，设计车速 50km/h。

图 6-25　梅山春晓大桥鸟瞰图

6.6.2　实施环境

由于场地、吊装设备、时间周期等方面的限制，钢结构整体预拼装的解决方案替代为部分预拼装或竖拼改卧拼等方式，从而会影响大桥的安装线形及施工质量，进而影响后期的运维管理。

利用三维激光扫描技术，现场对桥梁钢结构进行三维扫描，将点云数据模型化后预拼装，并与 BIM 模型进行对比分析，检查拼接偏差，不受场地、设备影响，拼装速度快，可有效控制关键构件的制造精度。

6.6.3　数据采集

数据采集利用三维激光扫描仪进行，对目标体点云数据进行采集，并对靶标坐标进行提取。鉴于现场条件，三个构件未进行顶面和底面的数据采集。每个构件扫描需要设置 6 站。如图 6-26 所示。

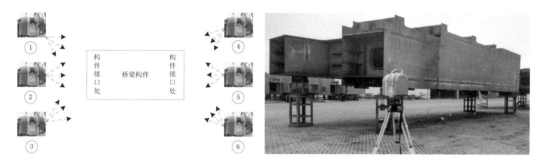

图 6-26　点云数据采集点位置

6.6.4　点云数据处理

1. 点云配准数据处理模型

实验采用的配准方法为基于球靶标的配准法，现场布设 5 个球靶标，每站保证扫描到 4 个球靶标，通过拟合得到球心坐标，最终利用同名点将 6 站数据统一到同一坐标系下。

2. 点云数据模型化

根据上述原理进行点云数据的配准建模，最终配准建模后的结果如图 6-27 所示，实际测量结果见表 6-1。

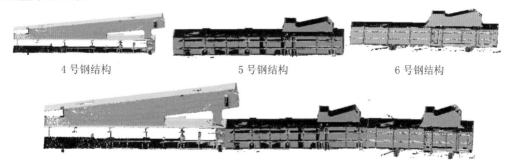

4 号钢结构　　　　　　　5 号钢结构　　　　　　　6 号钢结构

图 6-27　配准建模

4 号、5 号、6 号钢结构长度测量结果 表 6-1

钢结构	设计值（m）	扫描测量值（m）
4 号钢结构	10.830	10.821
5 号钢结构	14.463	14.449
6 号钢结构	18.488	18.480

3. 现场扫描 2 号、3 号拱肋节段

（1）HDS Target 替代贴牌，提高控制点获取精度，如图 6-28 所示；

图 6-28　HDS Target 替代贴牌

（2）利用控制点坐标，将单体转换到设计坐标系，继而实现拼装，如图 6-29 所示，实际测量结果见表 6-2。钢结构运输如图 6-30 所示。

图 6-29　2 号、3 号拱预拼装成果图

2 号、3 号拱长度检测结果 表 6-2

类型	编号	长度（m）	理论值（m）	差值（mm）
左上	1	1.663	1.644	19
	2	1.641	1.644	−3
	3	1.913	1.920	−7
	4	1.910	1.920	−10
左下	5	1.719	1.720	−1
	6	1.721	1.720	1
	7	2.355	2.360	−5
	8	2.357	2.360	−3

图 6-30　钢结构运输

（本项目由上海市政工程设计研究总院（集团）有限公司提供）

6.7　应用案例：上海玉佛禅寺改建

6.7.1　项目背景

　　玉佛禅寺，上海第一名刹。寺院分为前院和后院两部分，其中前院为本次工程范围，为玉佛禅寺主要礼佛、参观等对外开放区域，主要建筑有天王殿、大雄宝殿（优秀历史建筑）、玉佛楼等，建筑规模 31566m² （地上18580m²，地下 12986m²），如图 6-31 所示。

　　本工程是在对天王殿和大雄宝殿建筑、佛像一体化平移顶升、保护修缮的基础上，对寺院进行改扩建以消除寺院现存的消防、交通、建筑结构、高密度人员集聚等公共安全隐患。工程将底层架空作为人流疏散、组织交通等功能的公共安全储备空间；将寺院主体礼佛建筑架高，保留中轴线上天王殿、大雄宝殿并新建

图 6-31　玉佛禅寺鸟瞰图

玉佛楼。东、西两侧建筑全部拆除后按照江南古典殿庭建筑风格进行新建，加建两层地下室，满足民众日益增长的精神需要和寺院现代化发展的功能需要。在大雄宝殿建筑、佛像一体化平移顶升、保护修缮的过程中，为保证平移的平稳，需要对大雄宝殿及佛像进行前期三维扫描。

6.7.2　实施环境

　　三维激光扫描仪配置见表 6-3。电脑硬件配置见表 6-4。

三维激光扫描仪配置　　　　　　　　　　　　　　　　　表 6-3

扫描距离	扫描精度	扫描速率	扫描视野	色彩选项
50～150m	2mm 以内	≥90 万点/s	360°×300°（水平×垂直）	内置式

103

电脑硬件配置 表 6-4

CPU	内存	显卡	软件系统	BIM 软件版本
Inter Core i7-3930K	32G	NVIDIAQuadro FX3800	Windows 7 旗舰版 64 Bit	Revit 2014 Navisworks 2013 Geomagic Verify 2014

6.7.3 实施方案

　　三维激光扫描的成果可以说是建筑物真实状态的体现，其数据格式兼容性也很好，易存储。可以直接用于数据存档、工程应用、展示汇报、文物复建等方面。

　　玉佛禅寺属于历史保护建筑，项目开动之前，利用其精确、快速、完整的特点，在尽可能不影响项目周期的前提下，对玉佛禅寺所有殿堂内外进行三维激光扫描测绘。然后对扫描的数据进行处理、拼接、附上色彩，形成现状点云模型。该点云模型能够把整个寺院现在的面貌完全记录，并在其中进行测量、浏览等信息获取。依据高精度的扫描点云进行建模，生成的三维模型最大程度上接近真实。不仅是构件尺寸、定位，甚至连变形、缺损都可以表现出来。在今后需要查阅、修缮、复建的时候随时调阅，无需再次进行现场测量，一劳永逸，这些工作方法是传统手段无法实现的，如图 6-32、图 6-33 所示。

图 6-32　大雄宝殿三维激光扫描云图

图 6-33　天王殿屋架内三维激光扫描云图

6.7.4 应用效果

1. 点云数据建三维模型

采用传统的测量方法在该项目中的工作量是不可想象的，并且也不能生成三维空间可视化模型，三维激光扫描技术在玉佛禅寺修缮改造项目中的应用解决了这一艰巨的任务。三维点云数据可以导入 AutoCAD、Autodesk Revit 等软件中，进行后续的处理与加工，并且可以在 Autodesk Revit 中通过捕捉点直接绘制生成几何体。三维激光扫描点云模型是数据化模型，结合 BIM 模型的使用，可以在模型中直接测量工程师关心的建筑尺度、位置等信息，不需再次人工测量，大大方便了既有建筑修缮改造的设计工作，如图 6-34 所示。

图 6-34　三维点云数据还原的大雄宝殿

2. 3DGIS 技术应用

在玉佛禅寺项目中采用网络 3DGIS 技术将 BIM 模型、三维激光扫描点云模型结合在一起，真实反映项目在三维数字城市中的情况，为项目全过程解决方案提供了三维可视化展示，数据可实时提取，并为多解决方案比选等提供了强大的三维可视化数据支持，如图 6-35 所示。

图 6-35　BIM 模型插入数字化城市（局部）

3. 总结

项目致力于在建筑设计阶段运用 BIM 技术为各专业提供精准的可视化模型，并将 BIM 技术拓展到与建设工程全过程相关的各个领域（施工、管理、运营维护等），在同一个平台下构建综合信息模型，这是在 BIM 技术平台上结合三维激光扫描和 3DGIS 数字化城市技术对古建筑修缮与改扩建全过程服务的一次创新性尝试。

（本项目由上海现代建筑设计集团工程建设咨询有限公司提供）

第 7 章　3D 打印

3D 打印技术是一种快速成型技术，是以三维数字模型文件为基础，通过逐层打印或粉末熔铸的方式来构造物体的技术，综合了数字建模技术、机电控制技术、信息技术、材料科学与化学等方面的前沿技术。

7.1　技术背景

7.1.1　3D 打印发展历程

3D 打印（3 Dimensional Printing）的概念早在几十年前就已提出。20 世纪 70 年代，随着 3D 辅助设计的兴起，设计师能在电脑屏幕中看到虚拟的三维物体，但要将这些物体用黏土、木头或是金属做成模型却非常不易，可以用费时费力费钱来形容。3D 打印的出现，使平面变成立体的过程一下子简单了很多，设计师的任何改动都可以在几个小时后或一夜之间重新打印出来，而不用花上几周时间等着工厂把新模型制造出来，这样可以大大缩短制作周期、降低制作成本。随着科技的不断进步，更多材料的产品被打印出来。

3D 打印机是 20 世纪 80 年代末 90 年代初兴起并迅速发展起来的新的先进制造技术，它是一种以数字模型文件为基础，运用粉末状金属或塑料等可粘合材料，通过逐层打印的方式来构造物体的技术。是 CAD、数控技术、激光技术以及材料科学与工程技术的集成。它可以自动、快速地将设计思想物化为具有一定结构和功能的原型或直接制造出零部件，从而可对产品设计进行快速评价、修改，以响应市场需求，提高企业的竞争能力。

自进入 21 世纪以来，随着 3D 打印技术的引入，数字建造成为了建筑领域数字化发展的趋势。新一轮的工业革命创建了新的生产方式和生活方式。第三次工业革命的核心内容是"制造业数字化"，并将带动全球技术要素及市场要素配置方式的革命性变化。制造业的生产方式正发生着日新月异的变革，工程建设行业、基础设施行业、制造行业都有一种融合的趋势。作为一种突破传统建造生产方式以及链接工厂化、信息化生产的新型技术，3D 打印正悄然走向建筑业。

7.1.2　3D 打印优势

3D 打印数字建造技术实质上是全新的设计建造方法，使得传统的建造技术被数字化建造技术所取代，从而满足日益增长的非线性、自由曲面等复杂建筑形式的设计建造要求。

3D 打印带来了世界性制造业革命，以前部件设计完全依赖于生产工艺能否实现，而3D 打印机的出现，颠覆了这一生产思路，使得企业在生产部件的时候不再考虑生产工艺问题，任何复杂形状的设计均可以通过 3D 打印机来实现。

利用 3D 打印机，设计人员可以立刻验证设计成果，把手中的 CAD 数字模型用 3D 打印机建立实体模型，可以方便地对设计进行验证及时发现问题，相比传统的方法可以节约大量的时间和成本，如图 7-1 所示。

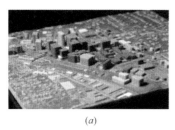  

(a)　　　　　　　　　　(b)　　　　　　　　　　(c)

图 7-1　3D 打印模型

(a) 规划模型；(b) 建筑模型；(c) 地质模型

7.1.3　3D 打印存在问题

对于一般要求较低、专业性不强的部件，3D 打印可以满足要求，但是对于高硬度的产品，3D 打印明显力不从心。首先是材料性能差，强度、刚度、机械加工性都远不如传统加工方式。其次是材料局限，成本高。目前 3D 打印机使用的材料非常有限，主要是石膏、无机粉料、金属粉末、光敏树脂、塑料等；3D 打印成品非常"脆弱"，硬度特别是刚性有待进一步提高。再次是精度问题，由于分层制造存在台阶效应，每个层次虽然很薄，但在一定微观尺度下，仍会形成有一定厚度的一级级"台阶"，如果需要制造的对象表面是圆弧形，那么就会造成精度上的偏差。

7.2　技术原理

7.2.1　3D 打印定义

3D 打印技术有很多个称呼，学术上称之为快速成型技术（Rapid Prototyping Manufacturing，简称 RPM），从制造工艺的技术上划分它叫做增材制造（Additive Manufacturing，简称 AM）。

3D 打印技术是一种以 3D 设计模型文件为基础，运用不同的打印技术、方式使特定的材料，通过逐层堆叠、叠加的方式来制造物体的技术，如图 7-2 所示。

3D 打印多代表工艺技术，3D 打印机指硬件设备。

图 7-2　3D 打印技术

7.2.2 3D 打印机

日常生活中使用的普通打印机可以打印电脑设计的平面物品，而所谓的 3D 打印机与普通打印机工作原理基本相同，只是打印材料有些不同，普通打印机的打印材料是墨水和纸张，而 3D 打印机内装有金属、陶瓷、塑料、砂等不同的"打印材料"，是实实在在的原材料，打印机与电脑连接后，通过电脑控制可以把"打印材料"一层层叠加起来，最终把计算机上的蓝图变成实物。通俗地说，3D 打印机是可以"打印"出真实的 3D 物体的一种设备，比如打印一个机器人、打印玩具车、打印各种模型，甚至是食物等，如图 7-3 所示。之所以通俗地称其为"打印机"是参照了普通打印机的技术原理，因为分层加工的过程与喷墨打印十分相似。这项打印技术称为 3D 立体打印技术。

图 7-3　打印出真实的 3D 物体

1. 个人级 3D 打印机

大部分国产的 3D 打印机都是基于国外开源技术延伸的，由于采用了开源技术，技术

图 7-4　个人级 3D 打印机

成本得到了很大的压缩。国外进口的个人 3D 打印机价格都在 2 万～4 万元之间。打印材料都以 ABS 塑料或者 PLA 塑料为主。主要满足个人用户生活中的使用要求，因此各项技术指标都并不突出，优点在于体积小巧、性价比高，如图 7-4 所示。

2. 专业级 3D 打印机

专业级的 3D 打印机，可供选择的成型技术和耗材（塑料、尼龙、光敏树脂、高分子、金属粉末等）比个人 3D 打印机要丰富很多。设备结构和技术原理相对更先进、自动化程度更高，应用软件的功能以及设备的稳定性也是个人 3D 打印机望尘莫及的。这类设备售价都在十几万至上百万元，如图 7-5 所示。

3. 工业级 3D 打印机

工业级的 3D 打印机除了要满足材料方面的特殊性、制造大尺寸的物件等要求外，更关键的是打印出的物品需要符合一些特殊应用的标准，因为这类设备制造出来的物体是直接应用的。比如飞机制造中用到的钛合金材料，就需要对物件的刚性、韧性、强度等参数有一系列的要求。由于很多设备是根据需求定制的因此价格很难估量，如图 7-6 所示。

图 7-5　专业级 3D 打印机　　　　图 7-6　工业级 3D 打印机

7.2.3　3D 打印技术

3D 打印存在着许多不同的技术，它们的不同之处在于材料的种类及不同层创建部件的方式。3D 打印常用材料有尼龙玻纤、耐用性尼龙、石膏、铝、钛合金、不锈钢、镀银、镀金、橡胶类材料，如表 7-1 所示。

3D 打印技术工艺类型　　　　　　　　　　　　　　　　表 7-1

类型	累积技术	基本材料
挤压	熔融沉积式（FDM）	热塑性塑料、共晶系统金属、可食用材料
线	电子束自由成型制造（EBF）	几乎任何合金
粒状	直接金属激光烧结（DMLS）	几乎任何合金
	电子束熔化成型（EBM）	钛合金
	选择性激光熔化成型（SLM）	钛合金、钴铬合金、不锈钢、铝
	选择性热烧结（SHS）	热塑性粉末
	选择性激光烧结（SLS）	热塑性塑料、金属粉末、陶瓷粉末
粉末层喷头 3D 打印	石膏 3D 打印（PP）	石膏
层压	分层实体制造（LOM）	纸、金属膜、塑料薄膜
光聚合	立体平版印刷（SLA）	光硬化树脂
	数字光处理（DLP）	光硬化树脂

7.3　3D 打印工艺流程

3D 打印是利用设计产品的 3D 数据，采用分层、叠加成型的原理进行打印，其工艺流程一般可分为获取模型数据、分割三维数据成二维数据、打印、后处理四步。

7.3.1　获取建模数据

通过三维建模获得。建模过程可使用 3DS MAX、RHINO、AutoCAD、Sketch up 等主流软件完成。需注意的是，在整个建模过程中产品尺寸要准确无误，打印机是严格根据这些数据来控制产品最终外形的。

通过扫描仪扫描实物获得其模型数据。通过拍照的方式拍取实物多角度照片，然后通过电脑相关软件将照片数据转化成模型数据。

3D 打印模型设计必须注意的四点：物体必须是封闭的、物体必须是流形、观察最大尺寸和壁厚、正确的法线，如图 7-7 所示。

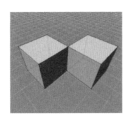

图 7-7　3D 打印模型要求

7.3.2　分割三维数据成二维

先通过计算机辅助设计（CAD）或计算机建模软件建模，再将建成的三维模型"分割"成逐层的截面，从而指导打印机逐层打印，如图 7-8 所示。设计软件和打印机之间协作的标准文件格式是 STL 文件格式。一个 STL 文件使用三角面来大致模拟物体的表面。三角面越小其生成的表面分辨率越高。PLY 是一种通过扫描来产生三维文件的扫描器，其生成的 VRML 或者 WRL 文件经常被用作全彩打印的输入文件。

设计一个可以 3D 打印的模型，特别是一个复杂的模型，需要大量的工程、结构方面的知识，需要精细的技巧，并根据具体情况进行调整。以塑料熔融打印为例，如果在一个复杂部件内部没有设计合理的支撑，打印的结果很可能是会变形的。

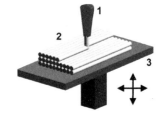

图 7-8　三维模型"切片"

7.3.3　打印

打印机通过读取文件中的横截面信息，用液体状、粉状或片状的材料将这些截面逐层打印出来，再将各层截面以各种方式粘合起来从而制造出一个实体。这种技术的特点在于其集合可以造出任何形状的物品。

打印机打印出的截面的厚度（即 Z 方向）以及平面方向（即 X-Y 方向）的分辨率是以 dpi（像素每英寸）或者微米来计算的。一般的厚度为 $100\mu m$，即 0.1mm，也有部分打印机如 Objet Connex 系列及三维 Systems′ ProJet 系列可以打印出 $16\mu m$ 薄的一层。而平面方向则可以打印出跟激光打印机相近的分辨率。打印出来的"墨水滴"的直径通常为 $50\sim100\mu m$。用传统方法制造出一个模型通常需要数小时到数天，根据模型的尺寸以及复杂程度而定。而用 3D 打印技术则可以将时间缩短为数个小时，当然其是由打印机的性能以及模型的尺寸和复杂程度而定的。

7.3.4　后处理

目前 3D 打印机的分辨率对大多数应用来说已经足够（在弯曲的表面可能会比较粗

糙，像图像上的锯齿一样），要获得更高分辨率的物品可以通过如下方法：先用当前的 3D 打印机打印出稍大一点的物体，再稍微经过表面打磨即可得到表面光滑的"高分辨率"物品。

制作完成后还需要一些后续工艺：或打磨、或烧结、或组装、或切割，这些过程通常需要大量的手工工作。

7.4　3D 打印参数

7.4.1　打印速度

因供应商和实现技术的不同，"打印速度"的含义也不尽相同。打印速度可能是指单个打印作业在 Z 轴方向打印一段有限距离所需的时间（例如，每小时在 Z 轴方向打印的英寸或毫米值）。拥有稳定垂直构建速度的 3D 打印机通常采用这种表达方式。其垂直打印速度与打印部件的几何形状和（或）单个打印工作的部件数无关。垂直构建速度快且因部件几何形状或打印部件数而产生很少或不产生速度损失的 3D 打印机，是概念建模的首选。因为这类打印机能够在最短的时间内快速生产大量替换部件。

另一种描述打印速度的方式是打印一个具体部件或者具体体积所需的时间。采用此描述方法的打印技术通常适用于快速打印单个简单的几何部件，但遇到额外的部件被添加到打印作业中，或者正在打印的几何形状复杂性和（或）尺寸增加时，就会出现减速。由此产生的构建速度变慢，会导致决策过程的延长，削减个人 3D 打印机在概念建模方面的优势。然而，打印速度始终是越快越好，对概念建模应用而言更是如此。垂直构建速度不受打印数量和复杂度影响的 3D 打印机，是概念建模应用的首选，因为它们可以快速地大量打印不同的模型，用于同时进行比较，这就能加速和改善早期决策过程。

7.2.4　部件成本

部件成本通常表示为单位体积的成本，如每立方英寸的成本或每立方厘米的成本。即使是同一台 3D 打印机，打印单个零部件的成本也会因为几何形状的不同而相差很大，所以一定要了解供应商提供的部件成本是指某一特定部件还是各类部件的平均值。根据您自己常用的典型零部件 STL 文件包来估算部件成本，往往更有助于决定您所期望的部件成本。

一些 3D 打印机厂商的部件成本只是指某特定数量打印材料的成本，而且这个数量仅仅是成品的测量体积。这种计算方法并不能充分体现真实的部件成本，因为它忽略了使用到的支撑材料、打印工艺产生的过程损耗及打印过程中使用的其他消耗品。各种 3D 打印机的材料使用率有显著的差异，因此了解真实的材料消耗是准确比较部件成本的另一个关键因素。

部件成本取决于 3D 打印机打印一组既定部件所消耗的材料总量和使用材料的价格。通常，使用粉末材料的 3D 打印技术，部件成本最低。廉价的石膏粉是基础建模材料。未使用的粉末会不断地在打印机中回收和再利用，因此其部件成本可以达到其他 3D 打印技术的三分之一到二分之一。

7.4.3　最小细节分辨率

分辨率是 3D 打印机最令人困惑的指标之一，应谨慎使用。分辨率可能写成每英寸点数（DPI）、z 轴层厚、像素尺寸、束斑大小和喷嘴直径等。尽管这些参数有助于比较同一类 3D 打印机的分辨率，但是很难用来比较不同的 3D 打印技术。最好的比较策略是亲自用眼睛去鉴定不同技术打印出来的部件成品。查看锋利的边缘和拐角清晰度、最小细节尺寸、侧壁质量和表面光滑度。

7.4.4　打印精度

精度分为精密度和精确度。在 3D 打印行业并没有一个统一的规范标准，通常说的精度是指精确度，即打印物品与模型比较的准确程度。

3D 打印通过层层叠加的方式制造部件，将材料从一种形式处理成另一种形式，从而创造出部件。处理过程中可能会出现变数，如材料收缩——在打印过程中，必须进行补偿以确保最终部件的准确度。粉末材料的 3D 打印机通常使用粘合剂，打印过程中拥有最小的收缩变形度，因而成品的准确度往往较高。塑料 3D 打印技术一般通过加热、紫外线或二者共用来处理打印材料，这就增加了影响准确度的风险因素。其他影响 3D 打印准确度的因素还包括部件尺寸和几何形状。有些 3D 打印机提供不同程度的打印准备工具，可以为特定的几何形状细调准确度。经常有人会用层高或层厚作为 3D 打印机的精度标准，这样说是不确切的或者说是不负责任的。

3D 打印机的精度取决于以下几个要素：

（1）机械部分中的行走系统是否准确合理。

（2）软件控制系统是否合理。

（3）机箱、底座不可以有抖动或者松动现象。

（4）不要选择皮带或齿条带类的软连接的行走连接结构，以保证运行时不抖动、不变位。

（5）机器框架要坚固，最好是工业化生产的机箱。

（6）要选择优质的步进电机和完善的软件技术支持。

7.4.5　材料属性

每种 3D 打印技术都受限于具体的材料类型。对于个人 3D 打印机，材料大致可分为非塑料、塑料、蜡这几类。您应该以哪类材料最符合价值和应用范围要求为依据，来选购 3D 打印机。

非塑料材料常使用石膏粉与可打印的粘合剂，部件成品紧密而坚硬，可以通过浸润变得非常牢固。这类部件可以表现优秀的概念模型，在没有弯曲性要求的情况下提供一定程度上的功能测试。明亮的白色基本材料，结合独家的全彩色打印能力，可以制造出逼真的视觉模型，而无需额外的绘画或后期处理。

塑料材料可以柔软，也可以坚硬，有些还具有耐高温性。透明塑料材料、生物相容性塑料材料、可铸性塑料材料均有销售。不同技术制造的塑料部件性能差异很大，这在厂家公布的规格上可能并不显而易见，如图 7-9 所示。

图 7-9　打印塑料材料

7.5　建筑 3D 打印

随着当今全球经济的发展，社会的进步，城市化进程的加快，人们生活水平的提高，造型独特、轻质高强、绿色环保的新型建筑形式已经成为未来建筑及结构构造的功能需求和发展趋势；同时，传统的高消耗、用资源换效益的生产方式已经越来越难以为继，建筑行业需要寻找新的建造方式。建筑 3D 打印数字建造技术将是一种有效的解决途径，其数字化、自动化的建造方式将给建筑业带来翻天覆地的变革。

7.5.1　建筑 3D 打印发展历程

建筑 3D 打印起源于 1997 年美国学者 Joseph Pegna 提出的一种适用于水泥材料逐层累加并选择性凝固的自由形态构件的建造方法。2001 年，美国南加州大学教授 Behrokh Khoshnevis 提出了称为"轮廓工艺（Contour Crafting）"的建筑 3D 打印技术，通过大型三维挤出装置和带有抹刀的喷嘴实现混凝土的分层堆积打印，如图 7-10 所示。随着技术的改进，3D 打印技术已经可以"打印"方形、环形、圆形以及不规则形状的房屋部件，甚至也有能力"打印"一整栋房屋，如图 7-11 所示。在十多年的发展过程中，世界范围内学界对这种新的建造方式进行了相当的研究探索工作，部分国家和地区的政府机构也给予了大力的支持。

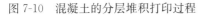

图 7-10　混凝土的分层堆积打印过程

图 7-11　混凝土的分层堆积打印成果

7.5.2　建筑 3D 打印绿色环保

国内目前采用的 3D 打印建筑原料主要是建筑垃圾、矿山尾矿及工业垃圾，其他材料主要是水泥、钢筋，还有特殊的助剂。房屋是在工厂内以楼层为单位打印好，切割后再运到现场拼装。楼板则是现场浇筑的以方便运输，如图 7-12 所示。

图 7-12　3D 打印建筑预制构件

建筑 3D 打印不仅是一种全新的建筑方式，更是一种颠覆传统的建筑模式。它更加坚固耐用、环保、高效、节能，不仅解放了人力，还大大降低了建造成本，造出普通百姓都能住得起的房子。3D 打印最大的亮点，就是把建筑垃圾再利用，使用由回收的建筑垃圾、工业废料和玻璃纤维组成的混凝土建造房屋框架，同时让新建建筑不会产出新的建筑垃圾。使用 3D 打印技术后建筑过程将大大降低扬尘和污染，建筑工地不会再是一片狼藉，城市空气质量也会得到改善。

7.5.3　建筑 3D 打印存在问题

目前，建筑 3D 打印数字建造技术的研究刚刚起步，技术本身尚存在许多问题还没得到有效解决，距离真正应用于房屋建筑、甚至高层或超高层建筑的建造还有较大的差距。另外，在技术标准和社会经济效益评价方面基本处于空白，需等到技术工艺发展成熟、机械材料成本得到有效控制、被官方和市场认可之后才能真正实现产业化应用。

7.6　应用案例：江西赣江二桥

7.6.1　项目背景

工程起于吉水县城赣江西岸的光彩西大道与金滩大道交叉处，跨赣江、滨江路，东接吉阳路，终于吉庐路与万里大道交叉处，全长约 1750m，其中特大桥长 1310m，东、西两岸引道长 440m，双向四车道，道路等级为一级公路兼城市主干路，标准宽度 30m。主桥采用"110m＋110m 独塔斜拉桥"，引桥采用 40m 跨径小箱梁桥和预应力混凝土大箱梁桥。总投资为 5.2 亿元，其中建筑安装工程费为 4.0 亿元。于 2015 年 5 月建成通车。桥梁总体布置与整体模型如图 7-13 所示。

图 7-13　江西赣江二桥 CATIA 模型

7.6.2　实施环境

1. DreamMaker 3D 打印机

DreamMaker3D 打印技术采用 FDM 工艺。打印材料为 PLA，经导管送向智能控制的喷头后，加热熔融并最终堆积成型。成型的材料具有高强度和高稳定性，能进行攻丝、钻孔、上色等操作，迅速参与使用。DreamMaker 3D 打印机的物理结构参数见表 7-2，性能参数见表 7-3，软件、平台选型见表 7-4。

2. Cura 3D 打印软件

Cura 可将 STL 模型文件导出为打印机可识别的 gcode 文件。

DreamMaker 3D 打印机物理结构参数　　　　　　　　　　　　　　　　表 7-2

项目	参数
整机尺寸	340mm×350mm×390mm
整机质量	12kg
外部机架	进口高质量亚克力框架（激光切割，严格控制公差）
机器支撑	标准件以及激光切割亚克力部件
打印材料送料机	标准件以及 PLA 材料零件
打印喷头/挤出头	0.4mm 孔径，由铜和铝合金材料整体成型

DreamMaker 3D 打印机性能参数　　　　　　　　　　　　　　　　表 7-3

项目	参数
打印行程	205mm×205mm×200mm
打印层厚	$\geqslant 0.05$mm
理论精度	X、Y 轴 1%或 0.2mm，取其大者；Z 轴精度 0.01mm
打印耗材	1.75mm PLA 线材
电源适配器	19V@6.5A 通过 CCC\UL\GS\FCC 认证
电源要求	100～240V@50Hz
操作系统	Windows/Mac/Linux
设备接口	高速 USB 接口或 SD 卡

DreamMaker 3D 打印机软件、平台选型　　　　　　　　　　　　　　表 7-4

名称	基本要求
操作系统	Windows 7 64 位旗舰版
应用软件	Cura 13.10
	Catia 2015X

7.6.3　打印流程

设置好 3D 打印机使其处于可以工作的状态，从 Catia 2015X 中将 BIM 模型导出 stl 格式文件，再由 Cura 软件将 stl 模型文件转成 gcode 文件并拷入 SD 卡，将 SD 卡插入 3D 打印机运行成型。

1. 桥塔模型

在 Catia 2015X 中按照设计图纸建立精确的桥塔模型，如图 7-14 所示，并导出 stl 格式文件。

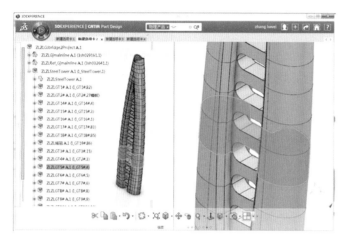

图 7-14　桥塔模型

2. 生成 gcode 文件

将 stl 模型文件导入 Cura 软件中，设置一系列打印参数，在 Cura 软件中的模型如图 7-15 所示。

图 7-15　打印参数设置

3. 打印成果

按照上述步骤，将 gcode 文件通过 SD 卡接入 3D 打印机中，进行 3D 打印。过程与部分成果如图 7-16 所示。

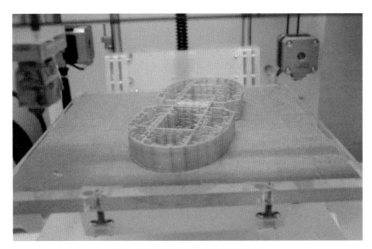

图 7-16　桥塔节段打印过程

（本项目由上海市政工程设计研究总院（集团）有限公司提供）

7.7　应用案例：云南保山市政综合管廊

7.7.1　项目背景

保山中心城市永昌路道路改造工程（东半幅）位于保山市隆阳区永昌路，全长 8.4km，贯穿保山市市区。项目包含综合管廊结构、工艺设计及道路改造设计。综合管廊设计采用单舱断面，依据永昌路规划方案，管廊内敷设：DN300 给水管，35kV 电缆 2 孔，10kV 电缆 20 孔，0.4kV 电缆 10 孔，备用电缆 5 孔，通信电缆 20 孔。沿线有 305 个标准段，50 个管线引出段。管廊南北端分别设置端部结合井。全线共设置通风口 42 座，投料口 8 座，人员出入口 4 座，倒虹段 11 座。本工程的通风区间为 200m 左右；投料区间为 400m 左右；人员出入区间为 2000m 左右；引出段主要是道路交叉口和较长路格的中间段。

BIM 应用目标：3D 打印模型以展示成果方便沟通。

7.7.2　实施环境

1. 本项目 3D 打印实施所应用的所有软硬件

（1）Autodesk Revit 用于模型的整合和设计；

（2）3DEditPro2.0x86 用于最终打印模型的编辑和打印。

本项目 3D 打印实施所应用的硬件如表 7-5 所示。

计算机配置参数

表 7-5

硬件名称	主要参数
处理器	Intel(R)Xeon(R)CPU E5-1620 v2@3.7GHz
内存	16.0GB
图形显卡	NVIDIA Quadro K600
显卡内存	8932MB
硬盘	932GB

图 7-17 ProJet360 型号
打印机

2. 3D 打印机

3D 打印机为 3D Systems 公司的 ProJet360 型号打印机，如图 7-17 所示，打印机的主要参数如表 7-6 所示。

7.7.3 打印流程

由于管廊特殊节点设计构造复杂，涉及的专业较多（包括结构、工艺、电气、管线等），通过平面图纸理解设计需要较长的时间；而通过 3D 效果的展示，可以方便业主、施工、监理等快速理解管廊的设计意图，明白最终施工完成后的成果。所以采用 3D 打印直观地表达设计内容，方便与业主、施工、监理等各方的沟通。

1. 建立模型

首先，在 Revit 中建立模型，并针对打印机不能打印的部件（打印机精度有限、打印材料强度不够或者尺寸过小等情况）进行加固或者删除，如图 7-18 所示。

3D 打印机参数　　　　　　　　　　　　　　　表 7-6

参数名称	参数值
产品型号	ProJet R360
分辨率	300×450DPI
颜色/每部分独特的颜色数量	白色（单色）
草稿打印模式	单色
最小特征尺寸	0.006in（0.15mm）
层厚	0.004in（0.1mm）
垂直构建速度	0.8in/h（20mm/h）
原形构建数量	18
打印尺寸（xyz轴）	8in×10in×8in，（203mm×254mm×203mm）
打印材料	VisiJet RPXL™
喷嘴数量	304
打印头数量	1
打印机尺寸（长×宽×高）	48in×31in×55in（122cm×79cm×140cm）
打印机质量	395lbs（179kg）
支持的文件格式	STL、VRML、PLY、3DS、FBX、ZPR

其次，按照打印机软件需要的格式导出三维实体模型，并导入打印机配套软件按照后续取模的需要进行分块，如图 7-19 所示。

最后，将分好的各块合理布设以提高打印效率。

2. 打印机打印

按照打印机程序检查耗材、模型、打印机的安全等全部满足要求后，即可开始打印模型。

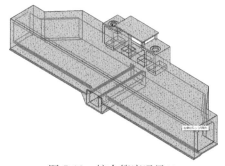

图 7-18 综合管廊通风口
Revit 模型

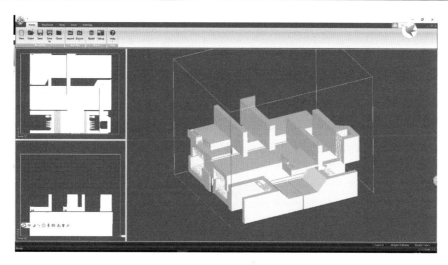

图 7-19　综合管廊通风口布置模型

3. 模型的取出与后期加工

由于 3D Systems ProJet360 打印机是干粉打印机，所以取模后还需要对模型进行加固处理，并且将之前分好的块进行拼装。

7.7.4　应用效果

在打印机条件允许的范围内很好地表达了特殊节点的构造（内部、外部）、内部管线布设等细节，得到了业主、施工单位和监理单位的一致认可，如图 7-20 所示。

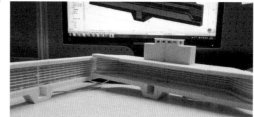

图 7-20　管廊节点 3D 打印模型

（本项目由同济大学建筑设计研究院（集团）有限公司提供）

7.8　应用案例：上海陈翔路地道工程

7.8.1　项目背景

陈翔路位于上海市嘉定区南翔镇南翔大型居住社区中部，为规划东西向城市次干路，道路全线贯穿整个南翔大型居住社区，西起胜辛南路，向东下穿 A12 公路（沪嘉高速公路）至澄浏公路。

该项目以地道工程为主，兼顾与之配套的道路工程、排水工程、建筑装修、园林绿化、电气工程等。在项目的设计、施工过程中存在较多技术难点：地道从轨道交通 11 号线桥孔内下穿，围护结构外边线距承台净距不足 1m，必须确保轨道交通运营的安全；下穿沪嘉高速公路施工不能影响其通行；地道东侧紧邻高层建筑，施工期间需确保其安全；工程范围内还涉及较多重要管线，包括军缆等，要确保其安全且不影响使用。陈翔路地道工程不仅实施条件复杂、各种协调工作复杂，还涉及绿化、水务、管线权属、轨道交通、运营管理等多家单位。陈翔路地道工程主体模型如图 7-21 所示。

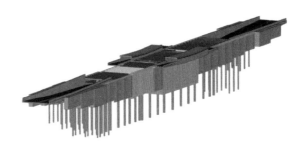

图 7-21　陈翔路地道工程主体模型

7.8.2　实施环境

陈翔路地道工程见表 7-7。

陈翔路地道工程 表 7-7

内容	描述
设计单位	上海市城市建设设计研究总院（集团）有限公司
软件平台	欧特克（Autodsek）
使用软件	Tekla/Revit/Magics RP
应用阶段	竣工阶段
BIM 应用点	3D 打印

在模型的表现上，目前 3D 打印机能达到的打印精度为 $0.7\sim0.8$mm，过小的尺寸是无法模拟出实体模型的。在陈翔路地道工程中，有些表面纹理由于设计尺寸较小，无法达到打印的效果。需要对其表面 BIM 模型做些处理，以满足三维打印的要求，如图 7-22 所示。

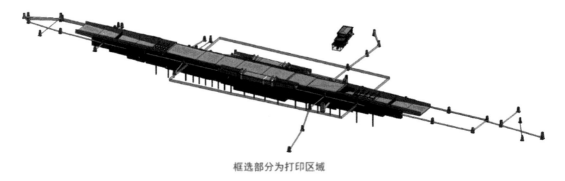

框选部分为打印区域

图 7-22　打印的 BIM 模型

7.8.3　实施方案

陈翔路地道工程三维打印样件是国内市政领域较早基于 BIM 的快速成型样件。实体模型中包含了围护桩、主体底板、地基加固、人非地道、排水管道、雨水管道、井等多专业模型。完整地表达了陈翔路地道工程全部内容。其直接利用 BIM 模型的优点，减少了模型的二次建模及损失，可以将设计理念无缝的传达。

1. 3D 打印机直接利用 BIM 模型

3D 打印机在设计阶段的价值体现在可以直接利用 BIM 模型，在陈翔路地道工程中，3D 打印机直接利用了设计阶段的 3D 模型成型，减少了二次损失，将设计理念无缝的传达。在陈翔路地道工程设计阶段，设计人员首先利用 Tekla 进行 3D 设计，然后通过 Tekla 导出 IFC，并将其导入 Revit 软件中，通过 Revit 导出 3D 打印机支持的格式，通过 Magics RP 软件对模型进行打印前的预处理，可以快速直观地打印出实体模型。

2. 多方案的直观对比

另外，3D 打印机打印出的模型可以进行多方案对比。3D 打印机直接利用了 BIM 模型，设计人员用 BIM 软件进行设计，并对多种方案进行多次打印，对各种方案进行直观的对比，可以快速地查看出方案的优缺点，并快速地优选出最佳方案。

3. 立体化设计理念

设计方案确定后，从施工人员角度讲，存在一定缺乏对设计意图的领悟能力。传统施工管理人员在施工前需要对设计意图进行领会，在设计交底时设计人员需要对每一个细节进行详细交底说明。3D 打印机在细节体现、立体化效果上有较大优势，有助于施工人员对于复杂体型、环境以及工艺的理解。3D 模型的立体化展示，摆脱了蓝图，投影出了竣工后的实体模型。所以，对于现场施工人员来说，可以较容易将设计意图转化为现实，这曾经是一道难以越过的隐形障碍。

4. 快速成型

成型速度快体现在设计人员的效率，设计人员对较复杂的模型无法进行更深的理解，无法解决复杂模型在设计过程中遇到的问题，此时就需要 3D 打印机的辅助。实践中，从 3D 模型导出到打印完成，一天时间就能完成整个流程。而传统的模型雕刻、建筑过程可能需要 1~2 个月，那时设计思路已过期。因此，当设计人员有了思路，通过打印出模型，对模型进行直观的修改，从而实现对设计的完美修改。

5. 实现施工进度模拟

3D 打印机在施工进度模拟方面也具有一定优势，工程在施工过程中，较难直观地表现施工流程。通过建立竣工后的模型以及施工过程中的模型，并将模型进行快速成型，可以直观地模拟出施工进度，与以往的二维平面图纸介绍相比，这种方式更直观、更有说服力。

6. 模型强度

3D 打印机在强度测试方面有一定理论依据支持，据有关文献介绍，一般人工建成的强度只有 3000PSI（约合 20.7MPa），而 3D 打印机打印出来的最高强度能达到 10000PSI（约合 69.0MPa）。其强度是设计强度的 3.3 倍，通过使用该数值，可以完成一些强度测试。

另外，3D 打印机除了具有以上优点外，还具有节能环保等优点。当然，3D 打印机目前是一项比较新颖的技术，从理论上讲，它在强度测试等方面是完美无缺的，但是实际的数据能否禁得住考验，还需要进行进一步的研究。比如强度测试，可能由于本身模型的整体性，导致受力的不准确性。

7.8.4　应用效果

通过 3D 打印，打印出的模型可以直观地进行碰撞检查、模型分析。通过 BIM 模型与实体模型对比，发现两者在相对比例、模型细节的表现上均无差别，能满足工程项目上模型分析的精度要求。

陈翔路地道工程样件截取沪嘉高速东西部分 BIM 模型，按照 1：200 的比例，样件长宽高为 80cm×40cm×15cm。采用 ABS 材料，结合快速成型熔积法技术拼装完成。模型中包含了 SMW 工法桩、MJS 工法桩、钢支撑及格构柱、部分主体、地基加固、人非地道、雨污水系统等多专业模型，将陈翔路地道工程多专业结合在一起。其直接利用 BIM 模型的优点，减少了模型的二次建模及损失，可以将设计理念无缝的传达，如图 7-23 所示。

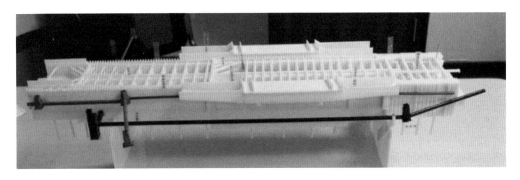

图 7-23　BIM 模型与样件整体对比

从不同角度对模型进行了对比。可以看出，BIM 模型与打印出的实体模型在相对比例、大小、细节上均无差别，就连细节都表现很好，满足模型分析的精度要求，如图 7-24 所示。

图 7-24　SMW 工法桩 BIM 模型与样件对比

传统施工管理人员在施工前需对设计意图进行领会，在设计交底时设计人员需要对细节进行详细交底。快速成型样件在细节体现、立体化效果方面有较大优势，有助于将设计意图转化为现实，从而将设计理念立体化。另外，其设计意图的表现能力，可以更直接、更直观地向业主进行汇报，摆脱传统的汇报方式，有助于设计理念向业主传达。

　　通过 3D 打印机在一些具体项目中的应用，充分展现了 3D 打印机具有直接利用 BIM 模型、设计方案的对比、设计理念立体化、成型速度快、可以实现施工进度模拟以及强度测试等优势，能满足工程项目上模型展示的精度要求。随着技术的进一步发展，其设备材料成本将更能够让用户接受，与 BIM 软件的数据交换将更方便，甚至在将来可能出现多材料的综合打印模式。

（本项目由上海市城市建设设计研究总院（集团）有限公司提供）

第 8 章 BIM 与 3DGIS 集成

BIM 与 3DGIS 集成应用，是通过数据集成、系统集成或应用集成来实现的，BIM 提供数据基础，3DGIS 则提供空间参考，以发挥各自的优势，拓展应用领域。目前，二者集成在城市规划建设、城市交通分析、城市微环境分析、市政管网管理、住宅小区规划、数字防灾、既有建筑改造、智慧城市等诸多领域有所应用。

8.1 技术背景

8.1.1 3DGIS 产生背景

地理信息系统（Geographic Information System，简称 GIS）是随着地理科学、计算机技术、遥感技术和信息科学的发展而发展起来的一门学科。在计算机软、硬件系统支持下，对整个或部分地球表层（包括大气层）空间中的有关地理分布数据进行采集、存储、管理、运算、分析、显示和描述的技术系统。

3DGIS 是随着计算机可视化技术的发展和 2DGIS 的成熟，在 20 世纪 90 年代初开始为人们所关注的。在传统的 GIS 领域内，信息主要是以二维平面地图的形式呈现给使用者。这种形式继承了普通二维地图显示的特点，对移动设备的硬件条件要求较低，数据传输量较小，但其直观性较差。信息的表现方式与最终使用者直接接触，是服务质量及效果最直观的体现。因此，GIS 的数据表现方式也直接影响着 GIS 对用户的适用度。

进入 20 世纪 90 年代后，GIS 产业开始步入 3D 模型的时代。3DGIS 不仅能表达空间对象间的平面关系和垂向关系，而且也能对其进行三维空间分析和操作，向用户立体展现地理信息空间现象，给人以更真实的感受。

8.1.2 BIM 与 3DGIS 之间关系

BIM 所覆盖的范围是独立的建筑个体，对于周围环境的影响有极大的局限性。GIS 主要应用于宏观区域，包含基础地理数据、规划信息、地上和地下管线系统、道路系统、人口等信息，而 BIM 则主要应用于微观单体建筑，涵盖建筑单体的结构、空间、空调、水暖等全专业信息，如图 8-1 所示。

BIM 数据结构包括空间数据（模型）及属性数据（参数），其中空间数据（模型）又包含空间位置、外观形状等，这与 3DGIS 数据结构相似，属性数据包含了设计参数、施工参数及运维参数等。3DGIS 涵盖了 BIM 的数据结构（空间数据＋属性数据）、BIM 的数据表现形式（3D 模型）以及 BIM 数据对象（BIM 针对建筑对象，GIS 涵盖较广，包括建筑对象），与 BIM 功能有重叠（信息管理、空间分析等），因此 3DGIS＋BIM 能产生无限的可能。

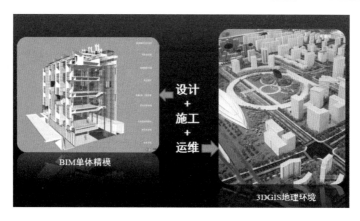

图 8-1　BIM 与 3DGIS 之间关系

经过近十年的发展，BIM 正在由"以建模为主"的 BIM1.0 向"以多维度数据应用为主"的 BIM2.0 时代跨越，"BIM＋3DGIS"作为 BIM 多维度应用的一个重要方向，3DGIS 提供的专业空间查询分析能力及宏观地理环境基础深度挖掘了 BIM 的价值。在3DGIS 技术的支持下，BIM 与倾斜摄影模型、地形、三维管线等多元空间数据的融合，实现了宏观与微观的相辅相成、室外到室内的一体化管理。

8.1.3　BIM 数据与 3DGIS 集成

BIM 和 GIS 本处在两个不同的行业领域，BIM 与 3DGIS 集成，以发挥各自的优势，拓展应用领域。目前，在城市规划建设、城市交通分析、城市微环境分析、市政管网管理、住宅小区规划、数字防灾、既有建筑改造、室内导航等诸多领域有所应用，与各自单独应用相比，在建模质量、分析精度、决策效率、成本控制水平等方面都有明显提高。

BIM 数据与 3DGIS 集成最大的好处就是提供了室内外俱全的数据基础，是智慧城市的空间数据基础。

GIS 的体系相对较完整，如标准、数据、平台、空间数据库、服务发布等；在数据怎么来、数据怎么用、数据怎么管、数据怎么共享这一链条上是完整的。GIS 是一个空间数据的集成平台，存在 BIM 数据怎么接入、怎么用、怎么管、怎么分享的问题。

3DGIS 和 BIM 标准都还在发展完善，数据格式或者说数据标准的不统一，带来的结果就是增大了 3DGIS 和 BIM 的集成难度。

8.1.4　三维城市模型

城市建筑类型各具特色，外形尺寸不同，外部颜色纹理也不同。如果采用"航测＋地面摄影"，建模后期需要人工做大量贴图；如果采用激光雷达扫描，价格昂贵，成本太高，而且生成的建筑模型都是"空壳"，没有建筑室内信息，同时室内三维建模工作量也很大，并且无法查询和分析室内空间信息。而通过 BIM，可以轻易得到建筑的精确高度、外观尺寸以及室内空间信息。所以，通过综合 BIM 和 3DGIS，先利用 BIM 软件对建筑进行建模，然后将建筑空间信息与其周围地理环境共享，可以极大地降低空间信息的成本，如图 8-2 所示。

图 8-2　BIM 和 3DGIS 结合三维城市模型

8.1.5　市政管线模型

通过 BIM 和 3DGIS 融合可以有效地进行建筑内外管线的三维建模，并可以模拟冬季供暖时热能传导路线，以检测热能对其附近管线的影响。或者是当管线出现破裂时，辅助决策者制定疏通引导方案，避免人员伤亡以及能源浪费。如图 8-3 所示。

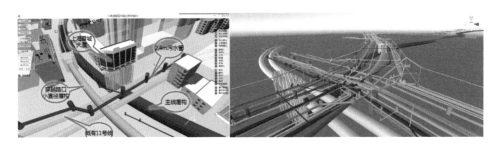

图 8-3　BIM 和 3DGIS 结合市政管线模型

8.2　技术原理

人类是生活在三维空间中的，如果再算上时间维，则是生活的四维空间中的。现实生活中的三维现象普遍存在，如飞机在天上飞行、汽车在地面奔驰、矿井在地下延伸。地球上的一切物体或活动都可以用一对（x，y，z）来描述它们的空间位置。

8.2.1　GIS 技术

GIS 是一种基于计算机的工具，它可以对空间信息进行分析和处理。GIS 技术把地图这种独特的视觉化效果和地理分析功能与一般的数据库操作（例如查询和统计分析等）集成在一起。GIS 与其他信息系统最大的区别是对空间信息的存储管理分析，从而使其在广泛的公众和个人及企事业单位中解释事件、预测结果、规划战略等方面具有实用价值。GIS 属于信息系统的一类，与其他信息系统的不同之处在于它能运作和处理地理参照数据，与全球定位系统（GPS）、遥感系统（RS）合称 3S 系统。

8.2.2　2DGIS 技术

2DGIS 的本质是将现实世界中的地物与地理现象投影到某二维平面（通常为 XY 平

面）上进行表达，虽然简化了空间信息理解与表达过程，却损失了空间信息量（尤其是高程信息和 3D 拓扑空间信息），是以牺牲空间信息的真实性和完整性为代价的，如图 8-4 所示。3DGIS 正是针对 2DGIS 的这一本质缺陷，试图直接从 3D 空间的角度去理解和表达现实世界中的地物、地理现象及其空间关系，如图 8-5 所示。

图 8-4　2DGIS　　　　　　　　　　图 8-5　3DGIS

8.2.3　3DGIS 技术

3DGIS 就是从数据结构到空间查询再到建模分析，都建立在三维数据模型基础上的地理信息系统。3DGIS 功能的实现以及实用系统的开发，解决了三维数据模型与数据结构、三维空间关系与空间分析以及三维可视化等关键问题。

3DGIS 源生于 GIS 系统，3DGIS 之所以被称为三维地理信息系统，是因为它把 3D 与 GIS 结合起来，3D 就是我们经常看到的三维模拟图像，而 GIS 系统可以对收集到的数据进行整理分析开发，最终以三维实景图的形式在各大屏幕上展示出来，其主要原理就是利用监控摄像机或人工测绘或组织机构提供的数据进行三维模型组建，最终接上终端显示器直观显示出来。3DGIS 是解决空间数据的存储、表现、查看、管理、量算和分析等一系列问题，具有良好的可扩展性及可伸缩性的三维地理信息系统，被广泛应用于智慧城市建设、环境评估、灾害预测、国土管理、城市规划、邮电通信、交通运输、军事公安、水利电力、公共设施管理等领域，如图 8-6 所示。

图 8-6　3DGIS 城市规划空间信息可视化

8.2.4　BIM 与 3DGIS 集成技术

将 BIM 模型与 3DGIS 集成有两种方式：①直接方式，即通过 IFC 解析器直接将 BIM

模型数据应用于 3DGIS 中；②间接方式，即将 BIM 模型数据转换为 CityGML 数据，然后在 3DGIS 中使用 CityGML 数据。

CityGML（City Geography Markup Language，城市地理标记语言）是一种用来表示和传输城市三维对象的通用信息模型，它是最新的城市建模开放标准。该标准源自地理信息科学领域，用来存储和交换虚拟城市三维模型，如图 8-7 所示。

图 8-7　城市三维模型与 3DGIS 集成

CityGML 对道路、建筑、水域、植被、绿地等描述进行了定义。因为其描述对象为整个城市，该标准对建筑的细节描述十分有限，远远不及 IFC 的详细程度。因此需要在 CityGML 中兼容 IFC 提供的准确、详细的细节数据。

在默认情况下，将 IFC 语义集成到 CityGML 中是不可能的。因此，需要使用 CityGML 的扩展机制。新的 CityGML 扩展将创建集成 IFC 语义和属性的可能性。开源 BIMsever 能够将 IFC 数据导出到 CityGML 中，包括 IFC 几何体，并根据官方 GeoBIM 扩展添加 IFC 信息。

8.2.5　云 GIS 的关键技术

云计算是一种新型的超级计算方式，以数据为中心，是一种数据密集型的超级计算。在数据存储和管理、编程模式和虚拟化等方面具有自身独特的技术。

3DGIS 海量空间数据的分布式存储、处理任务划分、查询检索、互操作和虚拟化等是云 GIS 平台需要解决的关键性技术问题，在分析云计算的关键技术上提出了 3DGIS 空间数据的分布式存储策略、虚拟计算节点任务分配模型、基于瓦片的动态地图发布策略以及并行数据库与 MapReduce 相结合的高效处理模型。

云 GIS 的关键技术是：①海量空间数据搜索、访问、分析和利用；②计算密集型平台的构建；③海量时空数据并发访问和利用研究成果，需要解决弹性调用空间的云计算需求，实现多地多服务器调用来解决海量用户并发访问的问题；④具有时间和空间特性的应用程序的开发。

通过云计算，实现 3DGIS 的核心功能，如动态投影和空间分析，实现多维数据、多坐标系统数据自动收集，进而集成到云计算系统。

8.3　超图软件解决方案

SuperMapGIS9D 是超图软件研发的全面拥抱大数据的新一代 GIS 平台软件，融合了跨平台 GIS、云端一体化 GIS、新一代三维 GIS、空间大数据四大技术体系，提供功能强大的云 GIS 应用服务器、云 GIS 门户服务器、云 GIS 分发服务器与云 GIS 管理服务器，以及支持 PC 端、移动端、浏览器端的多种 GIS 开发平台，协助客户打造强云富端、互联互享、安全稳定、灵活可靠的 GIS 系统，如图 8-8 所示。

图 8-8　SuperMapGIS9D 产品体系

8.3.1　产品组成

1. 云 GIS 应用服务器：SuperMapiServer9D

基于高性能跨平台 GIS 内核的云 GIS 应用服务器，具有二三维一体化的服务发布、管理与聚合功能，并提供多层次的扩展开发能力。提供全新的空间大数据存储、空间大数据分析、实时流数据处理等 Web 服务，并内置了 Spark 运行库，降低了大数据环境部署门槛，通过提供移动端、Web 端、PC 端等多种开发 SDK，可快速构建基于云端一体化的空间大数据应用系统。

2. 云 GIS 门户服务器：SuperMapiPortal9D

集 GIS 资源的整合、查找、共享和管理于一身的 GIS 门户平台，具备零代码可视化定制、多源异构服务注册、系统监控仪表盘等先进技术和能力。内置在线制图、数据洞察、场景浏览、应用创建等多个 WebAPP，为平台用户提供直接可用的在线专题图制作、数据可视化分析、"零"插件三维场景浏览、模板式应用创建等实用功能，主要作为平台 GIS 资源和应用的访问入口以及内容管理中心，用于构建各类 GIS 服务平台的门户网站。

3. 云 GIS 分发服务器：SuperMapiExpress9D

可作为 GIS 云和端的中介，通过服务代理与缓存加速技术，有效提升云 GIS 的终端访问体验。并提供全类型瓦片本地发布与多节点更新推送能力，可用于快速构建跨平台、低成本、高效的 WebGIS 应用系统。

4. 云 GIS 管理服务器：SuperMapiManager9D

全面的 GIS 运维管理中心，可用于应用服务管理、基础设施管理、大数据管理。提供基于容器技术的 Docker 解决方案，可一键创建 SuperMapGIS 大数据站点，快速部署、体验空间大数据服务。可监控多个 GIS 数据节点、GIS 服务节点或任意 Web 站点等，监控硬件资源占用、地图访问热点、节点健康状态等指标，实现 GIS 系统的一体化运维监控管理。

5. 超图在线 GIS 平台：SuperMapOnline

SuperMapOnline（supermapol. com）为用户提供在线 GIS 数据、平台以及应用托管的按需租赁服务，致力于打造一站式在线 GIS 数据与应用平台。

SuperMapGIS9D 的端 GIS 平台软件包括如下几类，涵盖了 PC 端、移动端、浏览器端各种产品，可连接到云 GIS 平台以及超图公有云平台，提供地图制作、业务定制、终端展示、数据更新等能力。

（1）组件式 GIS 开发平台：SuperMapiObjects9D

面向大数据应用、基于二三维一体化技术构建的高性能组件式 GIS 开发平台，适用于Java、.NET、C++ 开发环境，提供快速构建大型 GIS 应用。

（2）桌面 GIS 软件：SuperMapiDesktop9D

插件式桌面 GIS 应用与开发平台，具备二三维一体化的数据管理与处理、制图、分析、海图、二三维标绘等功能，支持对在线地图服务的无缝访问及云端资源协同共享，可用于空间数据的生产、加工、分析和行业应用系统快速定制开发。

（3）跨平台桌面 GIS 软件：SuperMapiDesktopCross9D

业界首款开源的跨平台全功能桌面 GIS 软件，突破了专业桌面 GIS 软件只能运行于Windows 环境的困境。新增空间大数据管理分析、任务调度、可视化等功能，可用于数据生产、加工、处理、分析及制图。

（4）浏览器端 GIS 数据洞察软件：SuperMapiDataInsights9D

一款简单高效、丰富灵活的地理数据洞察 Web 端应用。提供了本地和在线等多源空间数据接入、动态可视化、交互式图表分析与空间分析等能力，借助简单的操作方式和数据联动效果，助力用户挖掘空间数据中的潜在价值，为业务决策提供辅助。

（5）浏览器端 GIS 开发平台：SuperMapiClient9D

空间信息和服务的可视化交互平台，是 SuperMap 服务器系列产品的统一客户端。提供了基于开源产品 Leaflet、OpenLayers、MapboxGL 等二维 Web 端的开发工具包以及基于 3D 的三维应用工具包。

（6）移动 GIS 开发平台：SuperMapiMobile9DforiOS/Android

专业移动 GIS 开发平台，提供二三维一体化的采集、编辑、分析和导航等专业 GIS 功能，支持 iOS、Android 平台。

（7）轻量移动端 SDK：SuperMapiClient9DforiOS/Android

轻量级、开发快捷、免费的 GIS 移动端开发包，支持在线连接 SuperMap 云 GIS 平台以及超图云服务，支持离线瓦片缓存，支持 iOS、Android 平台。

8.3.2 云端一体化 GIS 应用系统

SuperMap 云端一体化 GIS 产品体系，提供功能强大的云 GIS 应用服务器、云 GIS 门户服务器、云 GIS 分发服务器、云 GIS 管理服务器，以及丰富的移动端、Web 端、PC 端产品与开发包，协助客户打造强云富端、互联互享、安全稳定、灵活可靠的 GIS 系统，如图 8-9 所示。

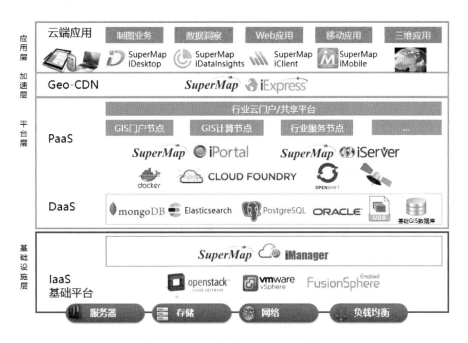

图 8-9　云端一体化 GIS 应用系统架构

8.4　国内外典型 GIS 软件平台简介

8.4.1　美国环境系统研究所公司（ESRI）：ArcGIS

ArcGIS 软件是 ESRI 公司集 40 多年地理信息系统咨询和研发经验，奉献给用户的一套完整的 GIS 平台产品。它具有强大的地图制作、空间数据管理、空间分析、空间信息整合、发布与共享功能。

ArcGIS 不但支持桌面环境，还支持移动平台、Web 平台、企业级环境以及云计算环境，提供了丰富多样、基于 IT 标准的开发接口与工具，让您轻松构建个性化的 GIS 应用。

ArcGIS for Desktop 是 GIS 专业用户的主要工作平台，利用它来管理用户复杂的基础地理信息数据，来创建数据、地图、模型和应用等。总之，ArcGIS for Desktop 是在单位内部署 GIS 应用的起点和基础。ArcGIS for Desktop 是一系列整合的应用程序的总称，包括 ArcMap、ArcCatalog、ArcGlobe、ArcScene、ArcToolbox 和 ModelBuilder。通过通用的应用程序界面，用户可以实现任何从简单到复杂的 GIS 任务。

根据用户的伸缩性需求，ArcGIS for Desktop 产品分为以下三个级别：

（1）ArcGIS for Desktop Basic：主要用于综合性的数据使用、制图和分析等应用领域。

（2）ArcGIS for Desktop Standard：在 ArcGIS for DesktopBasic 的基础上增加了高级的地理数据库编辑功能和数据创建功能。

（3）ArcGIS for Desktop Advanced：是 ArcGIS for Desktop 的旗舰产品，作为完整的 GIS 桌面应用软件，其包含复杂的 GIS 功能和丰富的空间处理工具。

ArcGIS Enterprise 是 ArcGIS for Server 启用的全新名字，作为 ArcGIS 服务器产品线

的下一个演进阶段，ArcGIS Enterprise 是一个全功能的制图和分析平台，包含强大的 GIS 服务器及专用的 Web GIS 基础设施来组织和分享工作成果，使用户可随时随地在任意设备上获取地图、地理信息及分析能力。ArcGIS Enterprise 是 ArcGIS 平台的核心组成部分，是运行在组织内部基础设施上的完整的 Web GIS 平台。

ArcGIS Enterprise 产品包含四个组成部分：

（1）ArcGIS Server：ArcGIS Server 是 ArcGIS Enterprise 的核心组件，ArcGIS Server 使您的地理信息资源可供组织中的其他人使用。ArcGIS Server 提供了五种服务器产品，这五种产品也是 ArcGIS Server 的五种角色，提供矢量和栅格的大数据分析、实时数据分析处理和商业分析等能力，用户可以在 ArcGIS Enterprise 的基础上根据需求选择性地增加这些产品。

1）ArcGIS GIS Server：提供基础 GIS 服务能力；

2）ArcGIS GeoAnalytics Server：新增的矢量和表格大数据分析工具；

3）ArcGIS GeoEvent Server：提供实时大数据接入、存储、可视化和分析能力；

4）ArcGIS Image Server：提供基于海量的栅格和影像数据集的分析能力；

5）ArcGIS Business Analyst Server：提供商业分析的能力。

（2）Portal for ArcGIS：Portal for ArcGIS 是 Web GIS 的门户，是 ArcGIS 平台资源管理和访问的出口。帮助用户实现多维内容管理、跨部门协同分享、精细化访问控制、发现和使用 GIS 资源。Portal for ArcGIS 还为用户提供了 Web AppBuilder for ArcGIS 及众多即拿即用的应用模板，使用户能够建立可在任何地方、任何设备上运行的直观且专用的 Web 应用程序，无需编写任何代码即可快速构建应用。

（3）ArcGIS Data Store：ArcGIS Data Store 是新一代 Web GIS 系统的数据存储，可用于设置 Portal for ArcGIS 托管服务器所使用的不同类型的数据存储。ArcGIS Data Store 可以轻松地配置和管理各种类型的数据存储，支持大数据分布式存储，支持发布大量托管要素图层，支持发布托管场景图层等。

（4）ArcGIS Web Adaptor：ArcGIS Web Adaptor 用于将 GIS 服务器与现有的企业级 Web 服务器相集成。Web 适配器通过普通 URL（通过您选择的端口和网站名称）接收 Web 服务请求并将这些请求发送到站点上的各个 GIS 服务器计算机。

ArcGIS Online 是 ESRI 建设的公有云平台。它基于亚马逊的 AWS 和微软的 Windows Azure 搭建而成，为用户提供了一个基于云的、完整的协作式地理信息内容管理与分享的工作平台。适用于多种工作场景，涵盖了从政府决策、学术研究、商业分析、企业间的协同合作到定制开发的各个方面。

8.4.2 美国 Skyline 公司：Skyline Globe

Skyline 提供了集应用程序、生产工具和服务于一体的三维地理信息云服务平台，能够创建和发布逼真的交互式三维场景，进行倾斜全自动三维建模。Skyline 软件提供了标准的三维桌面端和基于网络的应用程序，企业用户可使用 Skyline 创建、编辑、导航、查询和分析真实的三维场景，并可以快速有效地将三维场景分发给其用户。

PhotoMesh 是 Skyline 旗下的倾斜摄影自动批量建模软件，可以实现快速地、自动地从一组标准的、无序的二维照片批量构建全要素的、精细的、带有纹理的三维网格模型，从而快速还原真实世界。PhotoMesh基于摄影测量学、计算机视觉和计算机几何算法等技术，采用全新空三机制，突破性实现了空三分布式计算，将实景三维建模软件带入云计算时代。

8.4.3　伟景行数字城市科技有限公司：CityMaker

CityMaker™数字城市技术由清华城市规划设计研究院数字城市研究所（Digital City Research Center，THUPDI）和伟景行数字城市科技有限公司（Gvitech Technologies）联合开发，并获得"十一五"国家科技支撑计划课题、国家自然科学基金、科技部创新基金等多项政府科研计划的支持。

CityMaker Builder是专业的3DGIS数据生产与维护平台，也是多源数据集成和场景生成的平台。

CityMaker Server是专业的3DGIS服务聚合与发布平台，可用于系统部署和网络服务发布。

CityMaker Explorer是通用的3DGIS应用平台，可用于三维场景的可视化漫游和实现应用分析功能。

CityMaker SDK是为开发者用户提供的3DGIS系统集成与应用开发平台，通过City-Maker SDK提供的开发组件，用户可方便实现基于桌面和基于网络的应用功能拓展、应用系统开发、3DGIS系统集成开发。

8.4.4　北京国遥新天地信息技术有限公司：EV-Globe

EV-Globe是北京国遥新天地信息技术有限公司自主研发并拥有知识产权的核心平台软件，平台技术得到了国家863技术支持和国家中小企业创新基金支持，EV-Globe集成最新的地理信息和三维软件技术，具有大范围的、海量的、多源的（至少包括DEM、DOM、DLG、三维模型数据和其他专题数据）数据一体化管理和快速三维实时漫游功能，支持三维空间查询、分析和运算，可与常规GIS软件集成，提供全球范围基础影像资料，可快速构建三维空间信息服务系统，亦可快速在二维GIS系统完成向三维的扩展，是新一代的大型空间信息服务平台，在国内处于领先地位。

8.4.5　武大吉奥信息技术有限公司：GeoGlobe

GeoGloble是由武汉大学测绘遥感信息工程国家重点实验室研发的网络环境下全球海量无缝空间数据组织、管理与可视化软件。

GeoGlobe通过对全球海量影像数据、地形数据和三维城市模型数据的高效组织、管理和可视化，实现了任何人、任何时候、在任何地点，通过互联网，以任意高度和任意角度动态地观察地球的任意一个角落。GeoGlobe以其优秀的卫星图库与地形资料，通过3D技术的应用，让用户拥有身临其境的感觉。

GeoGlobe包括三部分：GeoGlobe Server、GeoGlobe Builder 和 GeoGlobe Viewer。GeoGlobe Server通过分布式空间数据引擎，管理所有注册的空间数据，并提供实时多源空间数据的服务功能。GeoGlobe Builder实现对海量影像数据、地形数据和三维城市模型数据的高效多级多层组织，为实现全球无级连续可视化提供数据基础。GeoGlobe Viewer 则装在客户端，通过网络获取服务器端数据，三维实时显示、查询、分析。

GeoGloble 是一种与"Google Earth（谷歌地球）"软件功能相近的"虚拟地球仪"，用来处理各种影像数据，实现地理搜索功能以及地理信息服务。该软件由中国自主开发，定位于地理信息共享服务，对中国的地理信息能够提供更加翔实的数据。

8.5 应用案例：上海市苏州河段深层排水调蓄管道系统工程

8.5.1 项目背景

苏州河段深层排水调蓄管道系统工程主要涉及苏州河两侧的 25 个排水系统，总面积约 57.92km²，服务人口约 135 万人。工程建设内容包括：近期主隧工程：包括一级调蓄管道及配套综合设施、初雨提升泵房及配套管道等；近期配套工程：二、三级管道，合流一期外排管道，初雨处理厂 1 座，规模 15m³/s，设于竹园污水处理厂；远期工程：二、三级管道，排江泵站 1 座及配套排江管。

本项目开发建设涉及地下隧道、综合处理设施（后续深隧全线还将涉及管网、初雨处理厂、泵站）等多种专业类型，针对项目专业多的特点，通过 BIM 协同设计、模型整合，实现跨专业、跨区域间的信息共享和交流，提高协作水平，避免由于信息不对称造成的沟通不畅、参考中断等一系列现实问题。

8.5.2 实施方案

本项目从工程实际出发，对项目级的 BIM 应用标准进行探索，从设计 BIM 应用出发，制定了 Revit 样板，并对 Revit 建模规则、构件命名规则、模型算量扣减规则进行了规定，使得本项目的所有 BIM 应用成果都可以准确地进行共享。结合不同阶段的使用需要，将模型深度确定在特定范围内，避免模型深度不够，同时也避免陷入"过度建模"的误区。在后续的项目实施中，可对该 BIM 应用标准进行验证和扩充，后续可以推广成为企业级的 BIM 应用标准，实现全生命周期用各参与方的数据共享，能促进建筑产业链贯通，促使水务工程建设规范性、实用性、适用性的全面提升。

针对综合处理设施内部工艺设备和管线较为复杂的情况，利用 BIM 模型的管线综合和碰撞检查功能对工艺电气设计中的"错、漏、碰、缺"进行复核，解决各专业存在的冲突和几何碰撞问题，并对结构预留孔洞和预埋构件的数量及尺寸进行统计，保证后期施工的准确性，减少返工和浪费；基于施工图模型还可以快速提取 BIM 模型的工程量清单，辅助进行工程量统计，根据投资监理给出的工程量分项清单以及扣减规则，对 BIM 模型进行再次拆分、扣减及细化，以此满足算量要求。将 BIM 模型生成的工程量清单，传递至投资监理及业主，作为投标算量的参考依据，提高招标算量准确性及效率。

8.5.3 BIM 应用

1. 场地及障碍物分析

根据收集的资料和规划文件等，对场地进行了初步分析，较为直观地呈现了沿线重要的建（构）筑物、道路、市政管线等信息。建立主隧盾构段模型，并将各专业模型与周边场地地形图、地勘报告、工程水文资料、GIS 数据进行整合，如图 8-10 所示。通过模型表达主隧盾构段的路由延伸方向、断面形式。借助模型分析设计方案的合理性、工程选址的合理性，并协调各专业设计的技术矛盾，辅助完成初步设计工作。

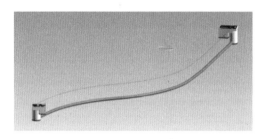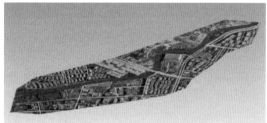

图 8-10　模型整合及场地模拟

2. 三维地质分析

将地质模型与综合处理设施模型整合起来，进行三维地质分析。通过对整合后的模型进行剖切，可以直观地观察到模型所在位置的土层分布情况，从而便于进行结构可靠性分析以及施工可行性分析，如图 8-11 所示。帮助设计人员更好地设计结构主体方案、基坑支护方案，也方便后期根据设计方案选用合理的施工机械及施工工艺。

3. 试验段工程周边障碍物及场地分析

创建综合处理设施周边障碍物，分析工程施工是否会对周边地下暗埋的现有结构基础等造成不良影响。

图 8-11　三维地质模型

将试验段综合处理设施模型及其周边构筑物模型、盾构沿线模型、工程周边障碍物模型、工程地形整合在同一模型空间后，对工程进行了场地漫游分析，主要分析了工程沿线周边地面及地下障碍物对新建工程的影响。结合地形模型，分析了沿线工程施工的难度或可行性；通过沿盾构段主线推进的视角，分析了工程附近地下结构物、地下基础结构与新建结构间的关系，如图 8-12 所示。

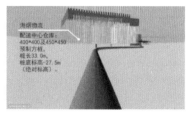

图 8-12　试验段鸟瞰图及试验段地下障碍物漫游

8.5.4　应用效果

水务工程属于建设工程中较特殊的一种，工程体量大、投资高、涉及专业多、建设周期长、对周边环境影响巨大、工程目标要求高，同时随着我国城市化和工业化进程的加快，污水污泥产量不断提高、处理难度不断加大，水务工程建设面临着更大的挑战，急需结合新的技术手段来取得新的提升。

根据项目规模大、施工场地在市中心的狭小区域，需最大限度地减少对周边环境的影响的特点，利用 BIM 技术进行场地仿真、实景展示、虚拟建造、多方案对比优化等应用，将设计模型与周边环境、各类拆迁和保护建筑、各类障碍物、物探管线等对象的模型精准定位还原，可以直观、全面地进行场地规划，对需要保护的附近设施采取稳妥措施，尽量减少施工过程对周边环境产生的影响。

（本项目由上海市政工程设计研究总院（集团）有限公司提供）

8.6 应用案例：宁波中山路 GIS 管线应用

8.6.1 项目背景

1. 工程范围

中山路综合整治工程西起机场路，东至世纪大道，全长约 9.2km，道路红线一般宽度为 42m。全线分为三段，其中，中段西起望京路，东至甬港北路；西段为望京路以西路段，东段为甬港北路以东路段。南北向整治范围：中段以第一条后街为界，东段和西段以沿线建筑或拆迁地块为界。

2. 工程难点

中山路为宁波市中心主干道，沿线有交叉路口 58 处，工程实施期间交通压力大。工程将对原有雨水、污水、给水、通信、电力、燃气和热力等市政管线进行改造，管线实施难度大。中山路与地铁 1 号线走向基本重合，沿线有 10 个已建成的地铁站。管线与既有地铁之间空间紧张。中山路沿线景观要求较高，既有树木应尽可能保留。

3. 本项目实施目标

（1）全面立体反映环境现状，以直观形象的手段表达设计方案；

（2）提高专业间的协同与配合，减少设计中的错、漏、碰、缺；

（3）为施工阶段提供技术支撑，为施工方案提供验证；

（4）与宁波市管线管理平台对接，实现 BIM 数据入库。

8.6.2 设计阶段应用

在设计阶段实行"三步走"策略，即先建模，再上平台应用，最后局部深化。通过这"三步"实现阶梯式应用分级，提高 BIM 应用效率，充分发挥平台功能。

1. 方案比选

在洞桥改造中，老桥需进行加宽处理，而两侧现状建筑距离较近，加宽后人行道与周边建筑存在一些冲突点，如图 8-13 所示。通过建模，将两个方案结合周边环境进行全方位对比。通过对比发现，方案二在人行坡道处与周边建筑二楼外挑处距离过近，方案一则没有此类问题。针对人行坡道处在 BIM 中进行了进一步细化建模，对方案进一步诠释清晰，如图 8-14 所示。

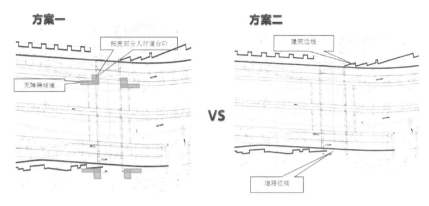

图 8-13　方案比选（平面图）

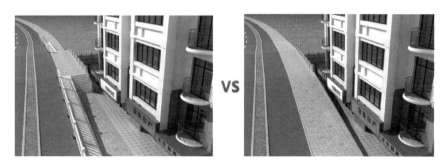

图 8-14　方案比选（三维图）

2. 方案可行性论证

在最繁华的路段建立连接中山路和后街的人行地道。由于碳闸街空间极为狭窄，两侧有东方商厦、新华联商厦，且施工期间管线与交通方案都存在很大的困难。将 BIM 用于设计方案可行性论证，将整个地道施工过程完整体现，论证效果出色，如图 8-15 所示。

图 8-15　方案可行性论证三维图

通过对管线施工的模拟，进一步验证了方案实施的可行性，把难点与问题在设计前期就充分暴露，在专家评审中得到了很好的指导，为后续设计深化打下了良好的基础，如图 8-16 所示。

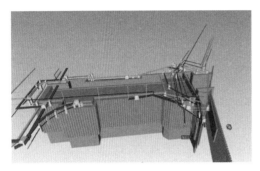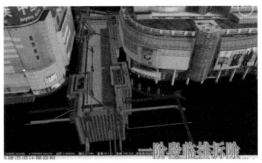

图 8-16　管线施工方案模拟图

8.6.3　施工阶段应用

1. 传统管线施工流程

设计图→施工单位审图→对于管线密集区域和管线位置不明确区域开挖样洞→现场找出不满足施工条件的管线→申请设计变更→设计出图→按图施工。

2. 传统管线施工难点

管线分为雨污水管线和电力、电信、上水、煤气四大管线，其中后面四大管线单位有自己的设计部门、施工队伍，因此设计管线时不便于沟通，导致反复修改，浪费人力、耽误工期。

管线施工单位技术力量支持不够，长时间大量施工，很多管线施工单位已经具备丰富的管线施工经验，能满足各自施工规范要求，但各管线缺乏整体筹划和协调性。

地下管线 BIM 模型首先需要采集准确数据，包括勘察资料和现场样洞开挖，资料反馈于管线模型，对设计管线模型进行深化，保证管线精度满足施工要求。

3. 模型梳理

模型中除去常规管线模型，引入里程桩用于管线碰撞后的定位，里程桩的存在方便识图时直观感受碰撞集中点的空间位置；另外，引入"土"的概念，一方面配合拉森钢板桩和垫层等展示工艺流程，另一方面能更准确地进行碰撞分析。我们引入的"土"就是现场根据规范的开挖范围即施工影响范围，解决了延伸碰撞：规划管线上方存在与之平行的重要管线，导致无法施工，而普通的管线碰撞又无法体现出来，引入"土"的概念做碰撞更能反映施工现场实际情况。

4. 碰撞检查

指导选择样洞开挖位置：根据管线设计图建立管线模型后，进行总体碰撞，然后根据碰撞结果，分路口寻找碰撞集中区域，并在此区域开挖样洞，在 BIM 的帮助下更能高效地摸清地下管线情况。

施工方案拟定：根据样洞资料反馈管线模型，迅速调整管线模型后进行碰撞分析，与施工技术负责人进行碰撞点筛选，对于有效碰撞点根据管线模型进行施工方案讨论，根据 BIM 三维模型更容易考虑施工方案的可行性。

施工技术交底：地下管线施工比较特殊，施工现场周边管线位置很模糊，因此一些重要管线（电力、煤气等）需要对现场一线管理人员进行 BIM 三维影像交底，地下管线走势一目了然，重要管线周边近距离施工更能引起注意，做好防范措施，如图 8-17 所示。

图 8-17　施工现场图和会议现场图

5. 协助沟通

管线搬迁过程中沟通工作比较重要，一方面是雨污水、四大公用管线施工队伍之间的沟通，运用 BIM 更能直观地分析各自的施工难点和需要共同解决的难点区域；另一方面由于管线施工占用车道，需要及时与交警部门协商，管线模型配合道路翻交等汇报更能直观展示我们的施工流程，也更能清晰表明我们周密的施工筹划。

8.6.4　应用效果：BIM 对市政工程的价值

中山路虽然是道路改造工程，但涉及的专业非常多。工程近 10km 范围内有地面道路、桥梁改造、新建地道，最重要的是沿路的市政管线改造，同时沿线已建成的地铁车站对本工程来说也是重要的边界条件。上述新建、改建或既有构筑物之间有着密不可分的关系，因此在工程开始之初就作为 BIM 模型建立的对象。BIM 技术对复杂空间关系有着丰富的表现手段，在方案比选、市政管线综合、施工方案模拟等环节中对传统方法提供了很好的补充。

模型数据相对图纸数据更为丰富，此次改造中将工程数据准确录入 BIM 模型中，为今后管线的维护以及再次改造提供了详细的数据基础。

8.6.5　应用效果：3DGIS 对市政工程的价值

市政工程受周边环境影响很大，传统设计方法，周边环境情况多为二维文件甚至有些是文字描述，项目与周边环境的关系也仅体现在效果图层面，周边环境也只是概念性的表达，且表达的范围相当有限。经过调查研究，目前我国大部分城市都已建立起三维城市模型，而管线数据也开始统一建库进行管理。宁波市作为国内走在较为前列的数字城市，3DGIS 数据、三维城市模型以及管线管理平台已较为完善。考虑到更全面地将数字技术用于本工程，并将现有资源利用率更大化，将 3DGIS 技术应用到市政项目建设阶段，可以很好地解决传统方法在表达过程中的信息缺陷，同时又能增强工程数据接近现实的空间操作和空间分析体验，给予决策者更清晰、直观的判断依据，因此决定采用 3DGIS 技术作为工程的另一大数字技术支撑。

8.6.6　应用效果：BIM 与 GIS 结合对市政工程的价值

为了将 BIM 模型与 GIS 数据结合应用，以及未来建立管件构件库思想，需要将 BIM 与 GIS 数据进行整合，并做到一定程度的转换。这其中包括两部分问题，即数据整合和数据转换。

1. 数据整合

整合就离不开软件平台，在选择软件平台时我们优先考虑了以下几个问题：

（1）平台数据兼容性：既能够支持 GIS 数据（DEM、DOM）又能够整合模型（BIM、3D Model）；

（2）平台承载能力：能否达到区域级或城市级，整个工程数据能否流畅运行，数据运行效率是否较高；

（3）平台通用性：能否在普通 PC、笔记本甚至移动设备上使用，平台功能今后能否推广与复制。

综合以上三点，传统的 BIM 平台较难同时满足，最后选择了一款 GIS 平台作为整合的环境，并在其基础上做进一步功能开发。

2. 数据转换

BIM 和 GIS 数据在数据格式上有很大的不同，依靠通用数据格式来实现转换是非常困难的，目前也没有软件能够做到数据直接互通。因此数据按照一定规则进行处理是必不可少的。由于现阶段经验有限，工程数据种类繁多，从最终接收者的角度出发，本工程选择先实现市政管线数据的转换。将 BIM 数据转换成 GIS 平台利用的数据需进行规则的制定，GIS 需要的数据必须在 BIM 模型中有所表示，才能被提取并重新归纳整理出来，如图 8-18 所示。另外，为了将每个对象进行自动管理，必须有一套较为完整的编码体系。通过研究与总结，初步制定了适合宁波中山路改造的管线数据转换的标准手册，同时在代码上与 GIS 入库需求一致，至此 BIM 和 GIS 之间的障碍基本得以消除。

图 8-18　BIM 管线图

（本项目由上海市城市建设设计研究总院（集团）有限公司提供）

8.7　应用案例：上海市北横通道工程 BIM＋GIS 应用

8.7.1　项目背景

1. 工程概况

北横通道是上海市中心城"三横三纵"骨架性主干路网的组成部分，对支撑上海城市东西向主轴发展、服务中心城苏州河以北区域沿线重点地区、提高中心城东西向交通的可靠性、分流延安路交通压力有着较强作用。北横通道工程全长 19.4km，是国内目前规模最大的以地下道路为主体的城市主干路，由地面、地下和高架道路组合而成。西起中环北虹路，东接周家嘴路越江工程，横跨长宁、静安、普陀、闸北、虹口、杨浦 6 个中心城区。2014 年 6 月北横通道工程建设指挥部正式成立运作，这同时也标志着该工程进入实质启动阶段，如图 8-19 所示。

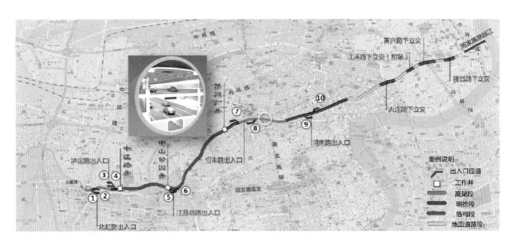

图 8-19　上海市北横通道工程总体设计

2. 工程难点

北横通道工程也被称为"地下延安路高架"，需要在市中心地下建设长距离隧道。其中盾构段长达 7km，盾构直径 15m，这是目前上海实施的最大直径的盾构。对于大直径的盾构上海地区主要在越江工程中使用，这次北横通道的盾构隧道有三个特点：一是大部分在陆上，其盾构上方不是道路就是建筑群，对沉降控制要求高；二是转弯半径小，最小半径 500m，这对大直径的盾构来说实施难度很大，管片要求特殊；三是近距离穿越已建轨道交通和构筑物多，避免对轨道交通和构筑物的影响是关键。

3. BIM 应用目标

对于北横通道工程而言，其隧道区间较长，多次穿越建筑物密集区域和已有道路、高架、地铁等既有设施，周边环境比较复杂。工程本身又具有高架立交、地面道路、明挖地道、盾构隧道等一种到多种系统，方案复杂，呈空中、地面、地下多个层次关系，采用传统设计及表现形式难以较全面地表达项目内容。

因此在北横通道工程建设过程中有必要充分应用 BIM 三维技术来表达和体现其复杂的空间关系，并通过 BIM 的可视化、协调性、模拟性、优化性等技术特点，达到改善沟通、降低成本、缩短工期、减少风险等效果，最终为整体工程项目的多快好省目标服务，有效地提高项目建设质量和管理水平。

8.7.2　BIM 建模方案

考虑到北横通道工程体量巨大，把所有内容和细节都放到一个模型中，目前的机器及软件还无法承受，即使是三维显示都会很困难更别提其他三维操作。因此有必要建立两种不同层次的模型进行组合使用，即创建一个总体外观模型（GIS 模型）和多个分段细节模型（BIM 模型）。

（1）总体外观模型侧重于表达工程项目的重要组成结构、空间交错关系以及工程概要信息，通常忽略不可见对象和次要细节等，可在不同设计阶段逐步补充其内容。其建模深度要求为 L2 方案级：近似几何尺寸、形状和方向，能够反映物体本身大致的几何特性，主要外观尺寸不得变更，细部尺寸可调整，如图 8-20 所示。

（2）分段细节模型则侧重于按照不同专业设计要求详细表达指定对象的形状结构、设计细节以及具体信息，可按工程分标段在不同设计阶段按照不同深度要求进行细化、完善和扩展其内容。其建模深度要求为 L3 设计级：物体主要组成部分必须在几何上表述准确，能够反映物体的实际外形，保证不会在施工模拟和碰撞检查中产生错误判断，构件应包含几何尺寸、材料、产品信息（例如电压、功率）等，如图 8-21 所示。

图 8-20　上海市北横通道 GIS 模型

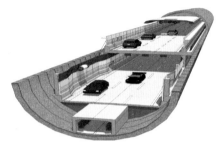
图 8-21　上海市北横通道 BIM 模型

8.7.3　建模软件方案

由于北横通道是个综合性的工程，涉及市政和建筑工程的大部分专业，目前市场上尚未有成熟的单独 BIM 软件平台可以适用于类似的跨多个专业的综合性项目，因此推荐根据不同专业特点和应用需求，以 Autodesk 系列软件为主，组合使用相关的各种三维建模软件，例如 Revit（Architect、Structure、MEP）、Civil3D、路立得、PowerCivil、Catia、AutoCAD、3DSMax 等。

对应于总体外观建模层次的软件组合方案如图 8-22 所示，对应于分段细节建模层次的软件组合方案如图 8-23 所示。

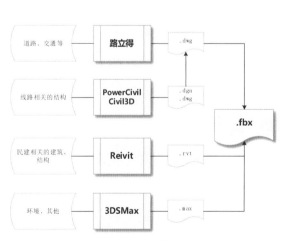
图 8-22　总体外观建模软件组合方案

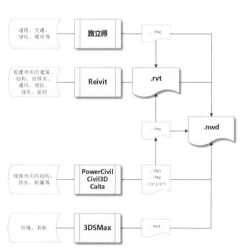
图 8-23　分段细节建模软件组合方案

8.7.4　应用效果：盾构穿越线路

主线共 11 次穿越已建或者规划轨道交通线路，连续穿越 90 多幢已建构筑物，多次下穿已建地铁区间及苏州河防汛墙及大量市政管线，如图 8-24 所示。改线段采用超大直径盾构，长距离穿越饱和软土地基的上海市中心城区，其中 52% 的区间采用 600m 以下小半径曲线，如图 8-25 所示。盾构衬砌、盾构机选型、实施期间对周边环境的影响和保护要求等，都是上海乃至全国在隧道设计、施工管理、应急救援等方面的重大突破

图 8-24　穿越轨道交通

图 8-25　超大直径盾构穿越路线

8.7.5　应用效果：管线搬迁

根据提供的管线搬迁方案资料进行建模，如图 8-26 所示，发现存在部分现状管线碰撞的情况，通过 BIM 的管线综合设计，在前期发现碰撞 10 余处，对业主出具碰撞报告，确保管线搬迁的实施，如图 8-27 所示。

8.7.6　应用总结

1. 项目价值

BIM 在项目前期方案阶段发挥的作用最大，业主方最希望 BIM 能够在方案优化和空间复杂区域分析中发挥作用；利用 BIM 在交通仿真驾驶模拟和视距分析中的应用，可以在设计早期验证设计的合理性和是否满足运营要求，丰富了设计手段。

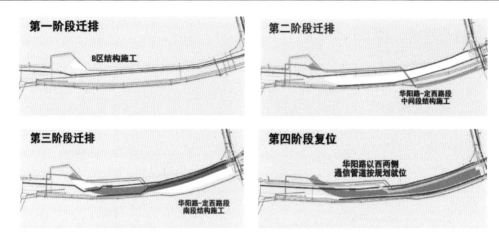

图 8-26 管线搬迁方案

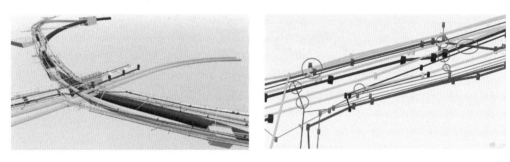

图 8-27 管线碰撞检查

2. 团队建设

现阶段建模工作已经逐步由 BIM 小组向设计人员过渡，更多的建模工作由设计人员自行完成，设计人员自行建模避免了 BIM 建模人员对图纸理解的错误，节省了图纸沟通时间，提高了建模效率；另一方面，设计人员在 BIM 软件应用的熟练度和建模精确度方面还有待提高。BIM 工程师在参与项目的过程中，对工程设计也加深了了解，提高了自己的工程经验和工程专业知识。

（本项目由上海市政工程设计研究总院（集团）有限公司提供）

第9章 协 同 设 计

协同设计是指为了完成某一设计目标，由两个或两个以上设计主体，通过一定的信息交换和相互协同机制，分别以不同的设计任务共同完成这一设计目标。

9.1 协同设计概述

9.1.1 协同设计发展历程

协同设计自 2000 年起，在国内勘察设计行业的推广逐渐走上正轨，其中经历了手工协同、软件协同等多个阶段。虽然随着协同的逐步推广深入，很多设计师都有了一定的协同概念，但不可否认的是，整个行业的协同设计水平还非常低。目前在整个行业中，软件协同的推广失败率还处于比较高的水平。

人们一直用各种方式和流程来满足设计过程中的协同需求。从原始但便捷的口述到各专业按设计流程互提资料、互提图纸，为的就是能够在设计过程中更有效地协同。设计过程中，项目的目的是唯一的，但由于多专业、多设计人员参与其中，各设计人员对项目目的的理解参差不齐，设计思路各有差异，所以必然导致项目在设计过程中会产生碰撞、配合等问题，从而降低了设计质量和设计效率。协同在设计中的主要作用正是使各专业相互交流、相互沟通、相互协调，以最大程度地将设计中因为协调不畅而产生的问题最小化和最少化。

实时协同，在计算机辅助设计的二维设计时代一度被 AutoCAD 外部参照功能所解决。在二维主导的电脑设计时代，二维 DWG 图纸在 AutoCAD 中相互参照，各专业设计师可以实时参照其他专业设计师的图纸，以便完成设计。但这种协同设计模式仍然存在问题，例如：一张设计图纸并不能完全展现所有的设计数据，因此一张图纸的协同作用是不大的。而各专业图纸间图纸表述内容、类型、数量都是千差万别的，很难做到整套图纸的协同。因此那个时代，设计领域仍然无法达到实时协同，其根本原因就在于二维设计本身并不具备实时协同设计的基础。

传统的二维设计模式难以实现实时协同，现有的 3DCAD 软件也欠缺协同平台，这几乎是每个企业都公认的现状，就成为当今设计企业迈向"正向设计"过程中无法绕过的一个话题。

9.1.2 BIM 协同设计方式

BIM 的出现，则从另一个角度带来了设计方法的革命，其变化主要体现在以下几个方面：从二维设计转向三维设计；从线条绘图转向构件布置；从单纯几何表现转向全信息模型集成；从各工种单独完成项目转向各工种协同完成项目；从离散的分步设计转向基于同一模型的全过程整体设计；从单一设计交付转向建筑全生命周期支持。

BIM 带来的是激动人心的技术冲击，而更加值得注意的是 BIM 技术与协同设计技术将成为互相依赖、密不可分的整体。协同是 BIM 的核心概念，同一构件元素，只需输入一次，即可共享该构件元素，各工种可从不同的角度操作该构件元素。从这个意义上说，协同已经不再是简单的文件参照。可以说 BIM 技术将为协同设计提供底层支撑，大幅提升协同设计的技术含量。BIM 带来的不仅是技术，也将是新的工作流程及新的行业惯例。BIM 协同设计与传统 CAD 协同设计的区别主要体现在以下两个方面：

1. 工作流程的比较

传统 CAD 协同设计流程呈线性，流程上专业设计先后顺序明显，且工作基本上不宜逆向返回，否则会造成很大的设计修改工作量。专业间设计任务分工明确，但缺少关联性致使专业间设计割裂现象严重。

基于 BIM 技术的协同设计实现了同步分工协作，将各专业介入设计工作的时间点提前，以创建中心文件的形式关联专业间的设计工作。各专业设计工作基本平行开展，专业间设计意见提前反馈融合，有效避免了传统方式下信息不畅引起的设计返工。

2. 数据流转方式的比较

传统 CAD 协同设计方式下，数据流转载体为二维图纸。协调过程中信息以图纸副本文件的形式在设计团队内部传递，基于二维图纸的设计信息传递效率低下，直接影响专业间协同设计水平。此外，传统 CAD 设计中专业间的设计图纸管理难度大，设计人员通过向外专业提供设计副本进行协同作业，在频繁设计修改、多项目交叉设计等情况下极易产生无序、无效协同设计问题。

基于 BIM 技术的协同设计方式数据流转载体为三维模型。三维模型能够直观表达不同专业的设计思想，提高专业间信息传递效率。设计成果集中于项目中心文件，各专业的设计人员通过外部参照方式实现本地专业文件与中心文件双向同步，对于提高设计过程文件管理效率有很大价值。基于 BIM 的协同设计平台在打通各专业间设计信息壁垒的同时打破了时间和空间对设计工作的限制。

9.1.3 BIM 协同设计平台

BIM 协同设计平台基于数字化设计思想，以工程数据库为核心，以专业图形平台作为图形支撑平台，全面满足土建、机电等多专业 BIM 设计要求。平台以 BIM 模型为核心，实现了系统设计与三维布置设计的联动刷新；基于 BIM 模型理念，实现了一处修改，处处联动；依托专业的构件库管理与工程数据库，实现了设计的标准化与专业化；凭借强大的施工图设计功能，完美解决了 BIM 出图问题；拥有良好的开放性与集成性，可实现与第三方设计及专业计算软件无缝集成。

BIM 协同设计平台的构建采用数据层、图形层与专业层。各个专业人员可以直接获取模型信息，通过图形层（图形编辑平台）进行设计、施工、运营维护等工作，当其工作完成后，通过数据库进行存储，若任意一方的数据发生改变时，相关的专业数据也会随之改变。

1. 数据层

数据层是 BIM 协同设计平台的最底层，也是 BIM 数据库，通过模型信息的存储实现资源共享和使用。构建数据库应注意三个方面的细节：

（1）数据层是工程项目在整个生命周期产生的信息，是工程信息储存的模型，各个专业通过数据层提供的数据信息完成设计工作，从而形成信息的共享；

（2）工程信息在该数据层可建立起多个项目存储的模型，通过数据层建立起的多个项目存储的模型，实现快速共享的协同设计平台；

（3）数据层要遵循数据的标准才可进行存储。当前，IFC 标准是 BIM 技术中应用较广泛与成熟的标准，其具有开放与中立的优点，并规范模型信息存储格式，是确保建筑各个专业数据实现共享与交换的保障。

2. 图形层

图形显示编辑是平台第二层，各个专业通过其可完成设计、施工、运营维护等可视化工作。

3. 专业层

专业使用层为平台第三层，各个专业通过专业层平台的软件完成设计、施工、运营维护等设计工作。各个专业人员需要获取信息时可直接从数据库中提取，从数据库中提取信息时，数据系统会自动筛选出各设计人员想要的信息并直接使用；另外，当提取的数据发生变化时，相关数据会随着提取的数据而变化，避免信息更新造成的不必要错误。

9.1.4 协同设计未来

协同设计作为一项有着广阔发展前景的设计方式，必将会为设计工程项目提供一种全新的设计途径和方法。未来随着设计的不断发展、甲方参与其中的力度不断加大、整个工程建设产业链不断完善，协同设计必将成为今后的一种主流设计方式。而以 BIM 模型技术为平台的协同设计，也必将成为以后工程建设行业的主要设计流程。

需要特别指出的是，目前大部分设计企业在 BIM 协同设计平台建设过程中往往会有较高的期望，希望能在较短的时间内达到较高的协同水平。但是 BIM 协同设计的推广不是一蹴而就的，尤其是大型企业，往往有传统的绘图习惯，很难快速调整完毕，在实际推广过程中不应半途而废，而是应该保持耐心持续优化推广系统，最终一定会取得良好的推广效果。

9.2 欧特克平台协同解决方案

传统的建筑设计解决专业问题时采用的方法是 2D 平面设计，各专业间以定期、节点性提资的方式进行"配合"，这种点对点的配合方式存在数据交换不充分、理解不完整的问题，很难满足许多新项目的要求。欧特克 BIM 协同解决方案是一种点与中心的信息交流模式，各参与方之间的信息交流是唯一并且连续的，这种信息沟通模式将散乱的数据和信息整合在一个平台上，实现了专业间的数据共享，使信息沟通更加顺畅。Revit 协同工作方式有以下几种：

1. 模型链接方式

链接类似于 AutoCAD 中通过 CAD 文件之间的外部参照，使得专业间的数据得到可视化共享，可以通过 Revit 中复制/监视、协调/查阅的功能来实现不同模型文件间的信息沟通。

2. 工作共享方式

工作共享的工作模式利用工作集的形式对中心文件进行划分，工作组成员在属于自己的工作集中进行设计工作，设计的内容可以及时在本地文件与中心文件间进行同步，成员间可以相互借用属于对方构件图元的权限进行交叉设计，实现了信息的实时沟通。

实际应用发现"模型链接"和"工作共享"两种方式各有优点和缺点，这两种方式的区别是："工作共享"允许多人同时编辑一个项目模型，而"模型链接"是独享模型，在链接模型的状态下只能对链接到主项目的模型进行复制/监视、协调/查阅而不能对模型进行更改，要实现编辑功能需要对链接模型进行绑定、解组操作，同时也失去了协同的属性。如图 9-1 所示。

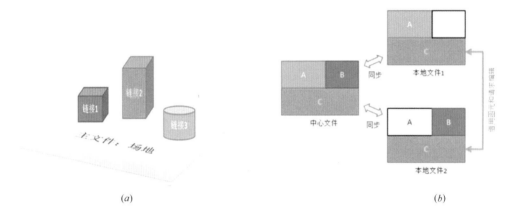

(*a*) (*b*)

图 9-1 Revit 协同环境

(*a*) 模型链接方式；(*b*) 工作共享方式

3. 混合方法

理论上讲"工作共享"是最理想的协同工作方式，既解决了一个大型模型多人同时分区域建模的问题，又解决了同一模型可被多人同时编辑的问题。而"模型链接"只解决了多人同时分区域建模的问题，无法实现多人同时编辑同一模型。虽然"工作共享"是理想的协同工作方式，但由于"工作共享"方式在软件实现上比较复杂，Revit 软件目前在工作共享的协同方式下大型模型的性能稳定性和速度上都存在一些问题，而"模型链接"技术成熟、性能稳定，尤其是对于大型模型在协同工作时，性能表现优异，占用的硬件资源相对于"工作共享"方式小很多，协同方式比较见表 9-1。

Revit 软件协同方式比较 表 9-1

比较项目	工作共享	模型链接
项目文件	同一中心文件，不同本地文件	不同文件：主文件和链接文件
更新	双向、同步更新	单向更新
编辑其他成员构件	通过借用后编辑	不可以
工作模板文件	同一模板	可采用不同模板
性能	大模型时速度慢	大模型时速度相比工作共享快
稳定性	目前版本不是太稳定	稳定
权限管理	不方便	简单
适用于	同专业协同，单体内部协同	专业之间协同，各单体之间协同

9.3　达索平台协同解决方案

设计企业实现业务变革，进入可持续发展，通过达索系统"3D 体验"（3DEXPERIENCE）平台中所包含的 ENOVIA 系列应用，为设计企业提供基于三维的设计协同解决方案。

9.3.1　基本架构

达索系统全新的设计协同解决方案继承了"3D 体验"（3DEXPERIENCE）平台的完全云端部署方式，符合行业平台化的发展方向，允许各单位选择是自行部署私有云还是公有云，如图 9-2 所示。

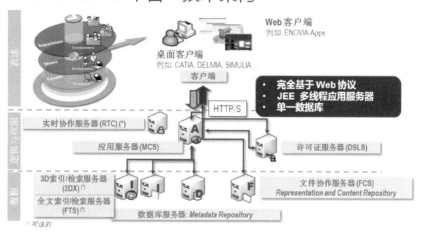

图 9-2　"3D 体验"（3DEXPERIENCE）平台基本架构

9.3.2　单一数据源

在达索系统的设计协同解决方案中，核心特性是采用单一的数据源架构，即所有的 3D 模型、2D 图纸和文档资料等被数据化，并且都存储在数据库中。

在 3D 模型成果数据化的基础上，实现了数据操作的横向打通。即在达索系统的"3D 体验"（3DEXPERIENCE）平台上，所有业务共用同一套数据，基于这一套数据，实现了从模型搭建到有限元分析再到模拟仿真，直至可视化展示（VR）等一系列专业化操作，即解决了不同软件之间的频繁数据转换而造成的数据丢失，又天然具有基本的协同功能与优势，使得所有的用户都是基于同一个平台与数据开展业务，不存在设计人员之间的版本不一致等信息孤岛问题。

此外，数据的安全性也大大增强，由于所有的数据都存储在数据库中，与传统的文档存储相比，所有的数据资料都不能被二次复制，提升了设计企业数据成果的安全性与保密性。

9.3.3 业务功能

达索系统的设计协同解决方案提供了以 3D/BIM 为核心的多方面业务功能，如图 9-3 所示。

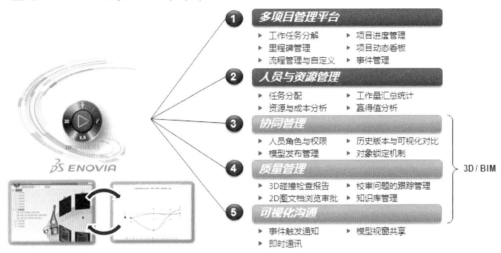

图 9-3 以 3D/BIM 为核心的多方面业务功能

1. 项目管理

项目经理可以建立 WBS 结构，制定资源计划及财务预算等，并把任务分配给各个项目成员。项目成员将从系统自动接受任务，并可随时把任务完成情况汇报到系统。同时，系统自动生成项目监控图表板，供项目总工和专业负责人随时了解项目进展状况。

此外可以把项目任务与 BIM 对象关联起来，因此每个任务可从 BIM 模型中获取相关信息。

对于已经在使用 Microsoft Project、P6 等系统的用户，ENOVIA 可以与这些系统进行双向集成。例如，项目管理人员可以在 P6 中制定初步的进度计划，然后导入 BIM 平台进行仿真验证和优化，最后再把优化之后的进度计划导出到 P6，如图 9-4 所示。

2. 文档与流程

在项目空间和文件夹中对各种信息进行管理和共享，其中不仅仅包括 BIM 模型数据，也可以包括各种 Office 文档、CAD 等文件，确保项目各方都能随时获取最新的工作信息。

用户也可以自定义文档创建、审阅、批准和分发的流程和权限。同时，可在系统中管理文档的历史版本和操作记录，实现信息管理的可追溯性。此外，专为 AutoCAD 开发的集成接口，可以在 AutoCAD 中直接访问 ENOVIA 以保存/打开 DWG 文件，并集成了权限和版本管理等功能。如图 9-5 所示。

3. 模型校审

项目总工和专业负责人可以集成多种不同来源的 BIM 数据。对模型进行整合、浏览、并进行批注、测量以及动态 3D 截面、碰撞检查等。还可对新旧版本的对象进行 3D 可视

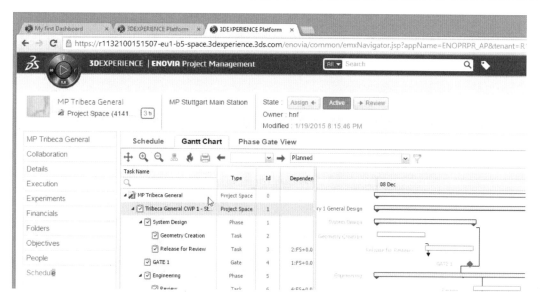

图 9-4 进度计划

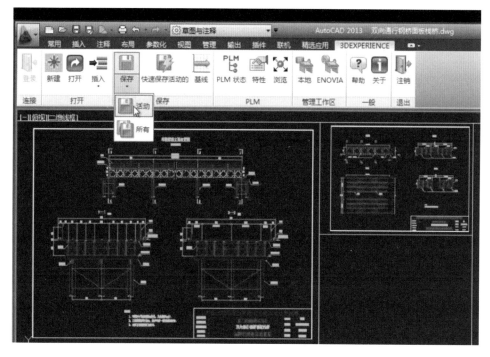

图 9-5 在 AutoCAD 中保存 DWG 文件到 ENOVIA

化对比。如果在模型校审中发现问题，可将问题分配给责任人并跟踪解决状况。责任人解决问题后，提交审核人员确认关闭问题，如图 9-6 所示。

4. 知识管理

设计企业在项目生产过程中往往产生大量的业务知识，这些知识是企业非常宝贵的无形资产。通过"3D 体验"（3DEXPERIENCE）平台，可以建立企业知识库（包括构件库、标准库、风险库等），以便在不同的项目中重用和执行，如图 9-7 所示。

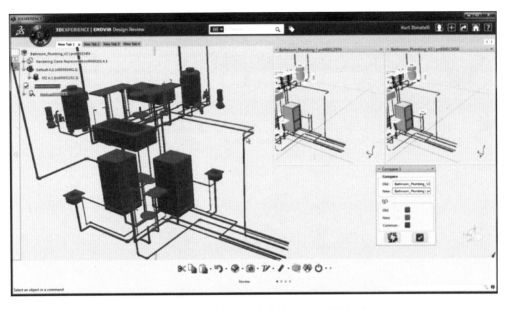

图 9-6　新旧不同版本的对象进行 3D 可视化对比

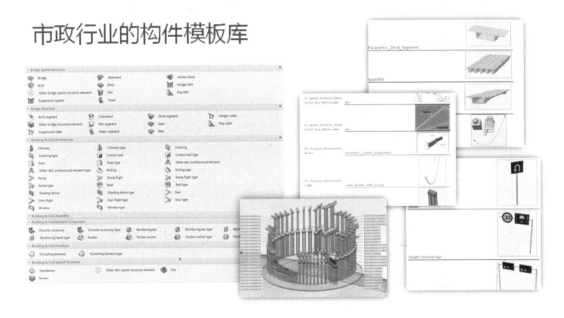

图 9-7　市政行业的构件模板库

5. 用户管理

在项目生产过程中，相关企业（包括业主、勘察设计单位、施工企业）往往同时进行多个项目，每个项目有不同的人员参与。在"3D 体验"（3DEXPERIENCE）平台中，可以给每个项目（或项目群）创建一个协作空间分别进行管理。每个人员可以在不同的协作空间中承担不同的角色，获得不同的权限。

6. 协作创新

"3D 体验"（3DEXPERIENCE）平台以构件为单位进行 BIM 模型的管理，并且支持多用户在网络平台上开展并发式协同设计。系统可以针对每个构件设定操作权限，并管理数据的历史版本。

针对大型 BIM 模型，"3D 体验"（3DEXPERIENCE）平台还提供了"Explore"和"Edit"两种不同的打开模式。在"Explore"模式下，使用轻量化方式打开模型进行快速浏览，获得较高的系统性能；而当需要修改模型时，在"Edit"模式下可以打开局部模型进行修改，而不需要打开整个 BIM 模型。通过这种方式，我们可以管理非常大型的模型，并把系统性能控制在合理的范围内。

7. 数据标准管理

在管理 BIM 模型的信息时，需要制定数据标准。在"3D 体验"（3DEXPERIENCE）平台的相关模块中已经预置了基于国际标准 IFC 编制的 BIM 模型数据，其中定义了各种对象类型及相关属性，并与 IFC4 完全兼容。通过 IFC 数据接口，可以把多种业界软件创建的 BIM 模型导入"3D 体验"（3DEXPERIENCE）平台中进行管理。

在此基础上，系统管理员可以通过专门的工具来自定义新的对象类型和属性，以满足企业灵活多变的业务需求。例如，同一个对象在项目全生命周期的不同阶段需要使用不同的属性信息，或者根据不同的应用场景挂接不同的信息，并进行分类统计或者查询检索。某些信息可以根据模型自动计算出来，例如面积、体积等，而其他的信息可以根据预先定义的公式进行组合计算，或者从其他系统导入，又或者由用户手工填写。

9.3.4　多元数据整合

随着行业的快速发展，BIM 应用方向也越来越多，依托单一的软件产品已经难以覆盖各种不同的 BIM 应用需求，目前越来越多的用户在项目的生产过程中，会使用各种各样的 BIM 软件来解决不同的业务需求。

因此在上述情况下，对于不同来源、不同格式的多元 BIM 数据的整合需求越来越强烈。达索系统依托"3D 体验"（3DEXPERIENCE）平台，提供了对各种数据格式进行整合的技术手段。

1. IFC 数据接口

达索系统的"3D 体验"（3DEXPERIENCE）平台不仅提供了对 BIM 数据标准的支持机制，还预置了基于国际标准 IFC 编制的数据标准，其中定义了各种常见的 BIM 对象类型（例如门、窗、楼梯等）及其相关属性，并提供了 IFC 数据导入/导出接口。

"3D 体验"（3DEXPERIENCE）平台内置的数据标准与 IFC4 兼容，而导入/导出接口支持 IFC4 和 IFC2×3 两种标准，以便更好地与行业内其他软件交流。通过 IFC 标准，既可以在"3D 体验"（3DEXPERIENCE）平台中创建含有丰富信息的 BIM 模型，也可以把多种业界软件创建的 BIM 模型导入"3D 体验"（3DEXPERIENCE）平台进行管理。

针对铁路、公路、市政工程等基础设施行业，需要在国际标准 IFC 的基础上进行扩展。面对这样的需求，自 2015 年开始，达索系统已经根据 building SMART International 组织的研究进展，在"3D 体验"（3DEXPERIENCE）平台中陆续针对桥梁、隧道等领域进行了扩展，并时刻保持与 building SMART International 组织的合作与沟通。

此外，对于整合那些 IFC 支持力度不够的其他软件产品所输出的数据，达索系统也能够提供进一步的数据整合方法。

2. Revit 数据接口

在建设工程行业，Autodesk Revit 已是比较常用的 BIM 建模软件之一。很多用户使用 Revit 创建 BIM 模型，或在下游工作中处理用 Revit 创建的模型。为了更好地支持这些用户，达索系统和合作伙伴一同开发了"3D 体验"（3DEXPERIENCE）平台与 Revit 之间的数据集成接口，所有的操作都在 Revit 程序中进行，使得设计师不用离开设计软件即可进行协同设计和数据管理。

Revit 数据接口可以分为 Revit Connector 和 Revit Convertor 两种类型，主要实现以下价值：

（1）Revit Connector：针对使用 Revit 进行建模的用户，在不改变当前操作方式和文件格式的前提下，增加文件的历史版本管理、安全管理及生命周期管理等功能，以及轻量化的快速浏览和协同设计；

（2）Revit Convertor：针对需要使用 Revit 模型进行下游应用（例如施工仿真或运维管理）的用户，可以将 Revit 模型导入"3D 体验"（3DEXPERIENCE）平台的数据库中，实现面向全生命周期的 BIM 数据管理。

Revit Connector 和 Revit Converter 看起来相似，但却是两种不同的技术，用于项目流程中的不同场景，解决不同的需求。

9.4　奔特力平台协同解决方案

9.4.1　Project Wise Connect Edition 介绍

Bentley Project Wise Connect Edition(简称 PW) 为工程项目内容管理提供了一个集成的协同环境，可以精确有效地管理各种 A/E/C（Architecture/Engineer/Construction）文件内容，并通过良好的安全访问机制，使项目各个参与方在一个统一的平台上协同工作。

PW 构建的工程项目团队协作系统，用于帮助团队提高质量、减少返工并确保项目按时完成。PW 能够为内容管理、内容发布、设计审阅和资产全生命周期管理提供集成解决方案。更为重要的是，PW 针对分布式团队中的实时协作进行了优化，并可在您的办公地点进行 OnPremise 部署或作为托管解决方案进行 Online 部署。

9.4.2　Project Wise Connect Edition 功能描述

基于 Bentley 在工程行业多年的经验，结合工程参与多方协作及文档管理、搭建项目综合文档管理平台的需求，PW 工程内容管理及协同工作平台功能如下：

（1）统一的文件服务管理平台，集中存储

目前，大多数用户还是习惯在自己的电脑上进行数据的处理，文件都还是保存在个人电脑中，这样造成交流非常不顺畅，形成了一座座信息孤岛。用户之间需要信息共享时，只能通过 Windows 共享的方式，很容易受病毒的侵害，而且每个用户看到的都是不完整的、片面的数据。

通过搭建统一的文件服务管理平台，实现各种文档数据的及时规范推送共享，该平台旨在根据已有的工作标准与管理制度，将各种项目数据在准确的时间段推送到准确的人员手中，从而提高项目进度管理的清晰度以及进一步明确权责，有利于整个项目团队的高效运行，即它是落实各种标准与制度的工具。

PW 可以帮助用户实现在一个协同平台上进行数据的访问，任何用户看到的都是 PW 任务结构组织下的、有序的数据。

在 PW 中，为了让信息获取更简单，文档通常按功能或习惯分成不同的组合，并以文件夹及子文件夹的层次结构方式来组织。用户可通过浏览分级式的树状结构轻易地找到项目数据，而无须个别追踪所有相关的文件及图档。当文件被放入多个文件夹时，系统会产生"虚拟拷贝"或是快捷方式，直接链接到真正的电子文档。因此，当该文件有所变更时会反映到所有的文件夹中。利用这些文件夹，终端使用者可以用对他们有意义的方式集成信息，并建立个性化的文件窗口，迅速获取，如图 9-8 所示。

图 9-8　用户界面

（2）实现内部项目组成员异地分布式访问

大型企业工程项目设计人员众多，而且往往分布于不同的地方或者城市。PW 可以将各参与方的工作内容进行分布式存储管理，并且提供本地缓存技术，这样既保证了对项目内的统一控制，也提高了异地协同工作的效率。

通过 PW 建立的统一文件服务管理平台，不管企业的雇员分布在世界的任意角落，只要能连接互联网就能安全地访问企业的文档数据。针对用户通过广域网异地协同工作时大文件传输速度慢、效率低的问题，PW 采用了先进的 Delta 文件传输技术，使用压缩和增量传输的方式，大文件的传输速度可提高 54 倍，小文件的传输速度可提高 3 倍，使用户更有效地利用分布式资源组成的网络，大幅提高访问速度。

（3）实现分级授权、安全共享

在项目进行的过程中，项目数据的安全也是非常重要的，不同的用户允许访问的数据是不一样的。PW 具备完善的文件授权机制，可以满足用户对数据访问控制的需要。在 PW 中，既可以按项目、按任务，也可以按文档，或者按文档的某一具体状态授权。而且 PW 具备完备的日志记录功能，用户在系统中的每一项操作都会被记录下来，以备日后查阅。对于用户的日常行为，PW 可以自动地发送消息给相关管理人员。

（4）实现三维协同，提高设计效率

企业的数字化三维协同设计平台是由协同设计平台、专业设计平台、数字化移交接口平台所构成的。其中专业设计平台涵盖了总图设计、工艺设计、建筑设计、结构设计、给水排水设计、暖通设计等多种专业设计软件。而三维协同设计平台则是以各专业三维模型为基础，借助后台大型网络数据库，通过图纸和数据的智能参考机制，来实现统一工程概念下的多专业协同设计。

PW 协同设计平台以文件服务器及数据库作为底层支撑，依托三维的手段，将设计过程中涉及的总图、建筑、结构、电气、暖通等多专业设计工作集成到 PW 上，实现各专业的协同设计，避免了由于传统互提文件资料方式带来的信息不一致问题。通过 PW 协同设计平台，还能够提高设计的精细化水平，使得项目参与人员可以在三维环境下进行准确的碰撞检查与材料统计，满足数字化移交要求。

在专业设计平台下，各专业分别进行本专业的设计工作，在设计过程中，设计人员可通过 PW 协同设计平台来智能参考其他专业的设计图纸及数据。PW 协同设计平台可以对设计资料以工程为单位进行划分，对专业间的设计环境进行统一设定，基于统一定位点，借助于系统工程管理，使各专业实现协同设计。设计所产生的成品图纸与中间版本图纸按照不同专业在系统中保存，用户可对其进行修改与查看。

三维模型建立后，可通过三维碰撞检查来检查模型之间是否发生碰撞，如果发生碰撞，碰撞结果及相关批注还可保存并返回到 PW 协同设计平台上，给各专业进行修改。因此，相比传统设计模式，基于数字化三维协同设计平台的协同设计具有更大的优势。

（5）实现项目多参与方之间的文档共享和管理

对于任何工程项目而言，都会有许多部门和单位在不同的阶段以不同的参与程度参与到其中，包括业主、设计单位、施工承包单位、监理公司、供应商等。目前各参与方在项目进行过程中往往采用传统的点对点沟通方式，不仅增大了开销、提高了成本，而且无法保证沟通信息内容的及时性和准确性。

基于 PW 工程内容管理及协同工作平台可实现将项目全生命周期中各个参与方集成在一个统一的工作平台上，从而改变了传统的分散的交流模式，实现了信息的集中存储与访问，从而缩短了项目的周期时间，增强了信息的准确性和及时性，提高了各参与方协同工作的效率。

PW 提供标准的客户端/服务器（C/S）访问方式，以高性能的方式（稳定性和速度）满足企业内部用户的日常文档共享和管理需求，同时还提供浏览器/服务器（B/S）访问方式，以简便、低成本的方式满足项目管理人员及外部参建单位的需求。两种访问方式基于同一项目数据库，保证了数据的完整性和一致性。B/S 访问方式应提供强大的访问功能，包括安全身份认证、文件修改、流程控制、查看历史记录、批注等。

（6）减少重复输入、提高数据的再利用率

用户在 PW 平台上可以很好地利用前一个用户的工作成果，而且通过 PW 管理的设计过程，用户可以很完整地了解到前一个用户的工作思想与过程，从而可以从多角度、多方位对方案和图纸进行检视，迅速找到真正需要的数据。可以极大地减少重复工作，避免信息的重复录入。

（7）保障项目数据的唯一性

项目数据源的唯一性管理，旨在将项目推进过程中产生的各种文档有条不紊地保存起来，在后续提取时确保文件版本的准确性，避免因多方使用同一文件的不同版本而造成数据源错误。从而减少错误、提高工作效率、降低成本。

在项目进行的过程中，由于文档变更的原因，使得在文档生命周期中，一份文档会存在多个版本。无序的版本管理，会带来工作效率的降低以及工作成本的增加。PW 所提供的版本控制功能为存储和管理同一文档及数据的多个版本提供了有效的手段，可以将文档的各个版本都管理起来。旧的文档及数据版本将被自动地保护，并被保持在它们最终所处的状态。当新的文档及数据版本被建立后，旧的文档及数据版本将被转换为只读版本，不允许用户再进行编辑。只有最新的版本才能被检出、修改并检入回项目库。版本控制功能，保证了所有用户使用一致且正确的文档及数据，并且可以对文档的历史进行回溯。

（8）实现项目信息分类管理、有效使用，提高标准化应用水平

PW 系统能够按照项目治理层的需求将所有项目信息进行集中管理，同时建立项目治理层结构体系（相当于 EPS）和项目管理层各业务部门/专业模块之间以及与外部参建单位（相当于 OBS）的一一对应关系，方便项目治理和项目管理各部门与设计、监理、承包商、供应商等跨组织跨部门有权限控制的文档记录集中共享，实现完整的范围权限控制和文档的条理性和可控性。

PW 系统能够在项目治理结构、项目管理结构、WBS 上进行文档的挂接，将文档的管理与项目的整体建设进度和项目管理阶段进行密切关联，PW 系统能够支持通过 WBS 角度来查看文档。

PW 系统能够支持工程项目信息的知识积累，将项目上的各类信息进行知识的沉淀、共享、学习和应用。通过各种标准规范程序文件的共享和发布管理，建立各种模板，例如文档模板、文档目录模板、评分模板。PW 系统提供文件编制、上传功能，支持所有格式的电子文件，有权限控制地实现标准制度规范和通用模板的共享。PW 系统具有手动创建和提供按照预定义模板快速初始化文档的功能，以节省新文档的编制时间。

（9）实现在移动设备上的应用

Bentley Navigator 解决方案提供了一系列基于安卓、苹果系统的移动端应用软件，并且将移动端、桌面端程序界面、漫游操作和读取文件格式进行了统一。可以用于连接 PW 系统工作平台，利用移动设备实时交流工程信息，反馈工程现场信息，查看三维信息模型，进行校审批注等工作。

（10）工程内容的发布

在工程设计、实施的过程中，设计团队创建和管理着众多的工程图纸、地形图和其他的地理工程数据以及影像数据。PW 发布服务器可以帮助他们将这些数据以及各种工程文件的最新版本按照用户的请求自动发布出来，在这个过程中不需要进行任何的预处理工作和数据转换以及管理干涉。同时也不会中断设计团队的工作。另外，在客户端不需要安装任何特殊的应用软件，只需要一个标准的浏览器就可以满足要求。用户可以使用一种标准的解决方案来访问企业范围的工程数据以实现协同工作，这些工程数据涵盖了多种文件和格式。在不需要改变现有工作流程的情况下，PW 发布服务器提供了迅速、广泛的手段来

访问宝贵的工程数据。

9.4.3 可视化漫游检视以及批注

imodel 是 Bentley 公司开发的对基础设施信息进行开放式交换的文件格式。项目团队成员均可利用这种载体共享复杂的项目数据和信息并与之交互。利用 Bentley 设计工具创建的各专业三维模型都可以转换为 imodel 格式，通过 imodel 格式实现模型的轻量化以及自解释，将工程信息与设计模型打包，这样在脱离设计环境的情况下也可查看到工程信息，在提高浏览速度的同时，信息查询也更为高效、精准。

Bentley 支持多种常见的第三方格式，如 rvt、dwg、skp、sat 等，都可将其转换为通用的 imodel 格式。而 Bentley Navigator 可以安装在不同硬件上读取同一个 imodel 文件，使得用户可以在统一的界面下进行虚拟化漫游行走，对模型和环境进行检视，实现碰撞检查和红线批注，创建项目的进度模拟等功能。

Bentley Navigator 能够提高项目各参与方的协作度，将办公室、现场和场地联通起来，在项目参与者之间实现模型数据共享和协同，能够在可视化环境下更加快速地发现问题，并且更加快速地反馈和检视问题、提出解决方案。Bentley Navigator 能够确保任何一个碰撞点或者保留项都被登记在册、监控，利用针对保留项的闭环工作流确保所有问题都能够及时被关注和处理，同时能够确保在同一个项目环境下有权限的人能够在任何终端第一时间同步看到和处理问题，从而避免风险。

9.5 鸿业平台协同解决方案

9.5.1 鸿业市政全专业 BIM 协同设计整体解决方案

鸿业市政全专业 BIM 协同设计整体解决方案是鸿业科技针对城市建设项目全生命周期解决方案的一个组成部分，系统基于云架构，通过与设计工具（软件）的结合为项目设计协同管理提供整体解决方案，可以实现：

（1）企业标准资源管理实现设计标准的落地；

（2）跨地域 BIM 项目设计协作实现高效配合与信息互通；

（3）项目任务及文档管理实现进度与成果的安全控制；

（4）基于 WebGL 轻量化模型的分享交流实现随时随地信息共享。

通过鸿业市政全专业 BIM 协同设计整体解决方案，不论从管理者的角度还是设计人员的角度，都将产生巨大的利益收获，如表 9-2 所示。

协同设计产生的效益 表 9-2

管理者	设计人员
项目规范化管理，信息有效传递	跨地域多人协同
随时随地了解项目情况及进展	共享资源的复用，提高设计效率
方便查看项目的各项成果资料	模型检查，保证设计质量
统计项目人员绩效	成果统一管理，安全、可靠

管理者	设计人员
知识库的积累，提高全员效率	协同提资、出图管理
数据提取与统计分析，决策依据	轻量化、可视化 BIM 施工交底

9.5.2 鸿业市政全专业 BIM 协同设计整体解决方案系统架构

鸿业市政全专业 BIM 协同设计整体解决方案可以与单位内部的已有管理系统集成，直接使用已有系统的组织人员，也可将关心的数据提取传输到用户原有系统中。

鸿业市政全专业 BIM 协同设计整体解决方案以项目为管理单位，适应不同应用场景。可以供企业单位作为独立的协同管理平台使用，管理企业内所有项目；也可供小团队作为协同管理工具，进行项目协同和成果管理。

鸿业市政全专业 BIM 协同设计整体解决方案，技术路线如图 9-9 所示，物理架构（本地部署）如图 9-10 所示，物理架构（基于阿里云部署）如图 9-11 所示，功能架构如图 9-12 所示

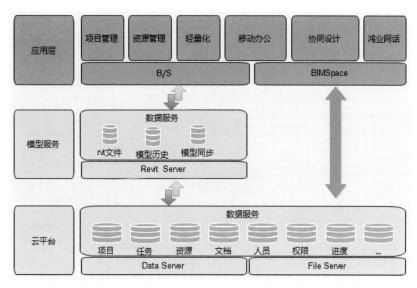

图 9-9　鸿业市政全专业 BIM 协同设计整体解决方案技术路线

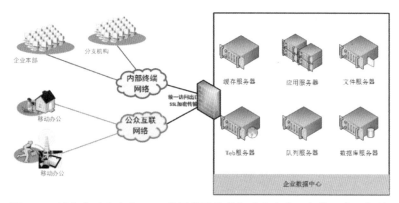

图 9-10　鸿业市政全专业 BIM 协同设计整体解决方案物理架构（本地部署）

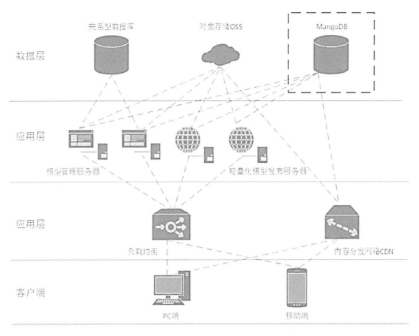

图 9-11 鸿业市政全专业 BIM 协同设计整体解决方案物理架构（基于阿里云部署）

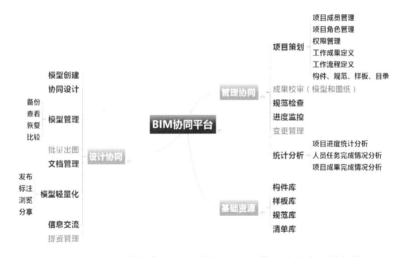

图 9-12 鸿业市政全专业 BIM 协同设计整体解决方案功能架构

9.5.3 鸿业市政全专业 BIM 协同设计整体解决方案功能描述

1. Web 端

作为 Web 端的入口，进行登录并查看与自己相关的所有工程项目及相关信息。

2. 资源管理

在资源管理中，管理可用资源包括族库、标准模型、样板文件、视图样式以及分享的资源。

3. 项目列表及进度

直观查看所有项目整体以及各项目详细的进展情况。

4. 项目信息

查看项目内容，包括项目的基本信息以及项目参与人员信息，并可对项目做相应的管理操作，例如分配任务、编辑项目信息、更新进度、上传文件、文件共享、以及轻量化模型在线查看等。

5. 项目策划

进行项目任务分解、设定参与项目的组织和人员、为每个人员分配不同的角色。

6. 项目文件管理

创建项目的时候，会自动创建项目管理的标准目录。在设计过程中，文件和模型按照一定的规则保存在相应的目录里，实现了项目文件的规范化管理。同时，针对目录和文件，设定有相应的权限管理，保证了文件和数据安全。

7. 文件在线预览

预览项目相关的二维图纸，并进行批注。

8. 模型在线查看

发布的轻量化模型，直接在浏览器中查看，可以进行漫游、信息查看、剖切、批注、比较、合模、测量等。

9. 模型批注

可基于轻量化模型进行批注。支持多种批注方式，如基于构件批注、基于选取的点批注，批注时自动抓取当前视图可见窗体。可在视图上绘制线、添加文字辅助批注，可以在设计软件或 Web 浏览器中查看批注和进行答复，点击批注可自动定位。

10. 模型分享

通过模型分享可以将模型分享给客户或施工方进行查看，分享可设置密码、期限。分享的信息可包括信息和关联文件。

11. 模型版本对比

将模型变化进行列表显示，点击定位。

12. 模型关联和查看文件

可以在轻量化模型上，给模型构件关联一些说明文件，便于对模型进行详细说明、设计交底等。

13. 文件版本及权限管理

可以对每个文件设置项目组成员的更新、下载和删除权限，可以查看管理文档模型的所有历史版本。

14. 文件安全管理

文件签出、签入、删除与回收。文件签出后，在签出人签入前，其他人只能查看不能编辑。系统提供回收站功能，误删除的文件可从回收站恢复。

15. 流程与批注

灵活设置项目图档文件审批流程，指定审批人员登录后，可在我的审批中看到需要审批的文件，可以下载文件查看，填写审批意见，审批通过后会流转到下一个环节。

16. 任务进度

任务所有者可以指定任务执行者，任务完成后提交约定的工作成果，任务执行者可以修改任务状态、任务执行进度、任务实际完成时间、任务实际工作量。

17. 统计分析

可统计项目任务进度情况、人员工作量及进度情况、成果完成情况等。

18. 系统设置

用户管理、组织管理、个人信息管理、权限管理等。

9.6 应用案例：上海市沿江通道越江隧道

9.6.1 项目背景

上海市沿江通道越江隧道（江杨北路—牡丹江路）工程是沿江通道越江隧道工程的浦西接线段，位于宝山区中部，呈东西走向，东接 G1501 越江隧道江，向西延伸至江杨北路接现状 G1501，全长约 3.9km，本工程估算总投资额为 40 亿元。该项目的建设，不仅使郊环线闭合，增加了越江通道，完善了上海市高速公路网，而且使沿江沿海大通道的重要一环得以实施，对于宝山区，使同济路快速路释放，得以为宝山区区域出行服务。

G1501 主线为高速公路，设计车速 100km/h，采用高架形式，按双向六车道＋硬路肩规模建设，工程内含 G1501-S16 互通式立交 1 座。同济路快速路沿用现状规模，设计车速 60km/h，双向四车道规模。富锦路为高速公路的地面辅道，双向四车道规模，如图 9-13 所示。

图 9-13 上海市沿江通道越江隧道工程平面示意图

9.6.2 实施方案

在设计初期即利用统一的平台对整个 BIM 项目进行了统筹管理，利用管理功能进行了项目周期安排，在项目开始时按照不同设计阶段的目标将建模任务按照 LOD（Level of detail）分为若干个子项，每个时间节点对所完成的任务进行检查，可以清楚看到项目的进展情况。

得益于统一云平台的数据管理，BIM 技术在本工程中的应用实现了"模型分阶段深化、数据全过程利用"，各阶段通过读取已有的模型，利用二次开发技术进行 BIM 模型的快速建立与逐步深化。在前期规划阶段，BIM 模型可用于进行总体方案的优化；在初步设计阶段，借助于 BIM 模型进行了各专业设计的优化，同时在同一设计平台上进行了专业间的协同设计；在施工图设计阶段，各专业对 BIM 模型进行了更进一步的深化设计，并利用全尺寸、全信息的 BIM 模型进行了工程量统计与二维出图的工作；在施工与运维阶段，对设计阶段的 BIM 模型进行了进一步细化形成竣工模型，用于施工模拟和运维养护，如图 9-14 所示。

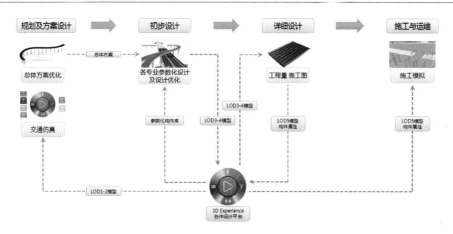

图 9-14　基于统一云平台的设计流程图

9.6.3　实施流程

由于本工程涉及专业众多，因此在设计初始根据实际设计流程进行了多专业 BIM 协同，设计流程如图 9-15 所示。其中各专业设计中主要涉及的结构有地形和周边环境、地面道路中心线和地面道路结构、高架道路中心线和桥梁上下部结构以及管线结构。通过本流程进行设计以尽量达到基于统一数据库的专业间交接（例如道路专业交接的道路中心线）正确和各专业实时协同设计（各专业独立打开本专业模型，可以浏览其他专业的模型，并基于校核结果进行设计优化）。

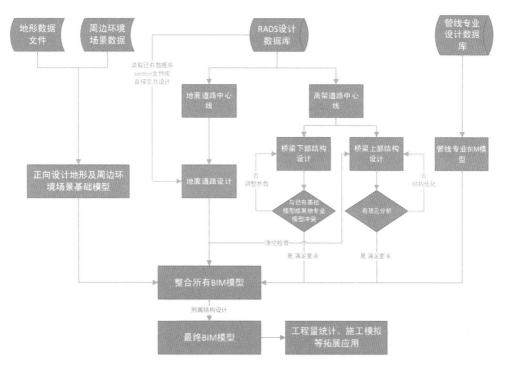

图 9-15　协同工作流程图

9.6.4 BIM 应用

在本项目设计过程中，利用云平台进行了高架桥梁与道路净空的协同设计、管线结构与桥梁和现有地道的协同设计、桥梁不同梁型外观构造上的协同设计以及预制拼装结构的内部构件协同设计。

1. 高架桥梁与道路的净空及边界干涉检查

上海市沿江通道越江隧道项目主线宽度已经超过 30m，而 AY2 和 AY3 匝道斜交上穿过主线，导致匝道的跨径已经达到 50～60m，对于匝道结构来说已属于较大跨径，如何合理布置下部结构并优化跨径布置成为此处设计的一个难点，本项目中利用桥梁 BIM 模型、地面道路 BIM 模型和道路中心线进行若干次的设计，达到了最优的跨径布置。同时大跨度匝道的梁高较高，有影响主线道路净空的危险，传统的二维设计很难在设计之初就考虑到这一点，而道路专业通过建立道路净空边界，桥梁设计人员在设计匝道梁体的同时便可保证主线净空满足要求，取得了较为满意的效果，如图 9-16 所示。

图 9-16 桥梁结构与道路结构的协同设计（净空及边界干涉检查）

2. 管线结构和其他设计结构的干涉检查

五冶大楼段工程结构复杂，从上到下依次有高架桥梁、地面道路、综合管线、同济路地道、地铁 3 号线、沪通铁路。在初步设计阶段通过协同设计平台进行碰撞检查，发现在五冶大楼段，雨水管道与 PZX-096-097 墩有设计不协同的问题，根据原有的设计方案很难在此处布置管线。设计人员将云平台的全专业模型发布为可执行 exe 文件，向决策者进行了汇报，最后进行了总体方案的修改，如图 9-17 所示。

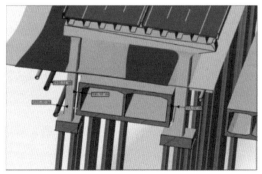

图 9-17 桥梁结构与道路结构的协同设计（管线结构干涉检查）

3. 上部结构梁体外观接顺检查

桥梁结构主要由预制拼装小箱梁、多主梁式钢-混叠合梁和下部桥墩组成，三部分的设计人员通常各不相同，互相之间的阶段设计成果交接也非常频繁，很多外观上的构造常常容易被设计人员所忽略，例如不同梁型之间的挑臂外观接顺问题，外观的不顺虽然不会导致结构上的问题，但会带来一些结构景观上的折扣。通过同一平台的协同设计进行实时的结构调整，最终达到了较为满意的效果，如图 9-18 所示。

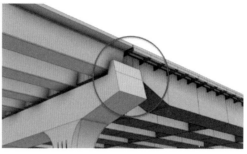

图 9-18　梁体外观接顺检查

4. 预制拼装结构的钢筋、钢束干涉检查

在本项目设计过程中对采用套筒连接预制拼装桥墩的可行性进行了研究，采用套筒连接预制拼装桥墩在桥墩盖梁的内部空间利用上是个难点，需要在有限的空间范围内布置预埋套筒、预埋立柱主筋、预应力钢束、盖梁普通钢筋，如何避免盖梁内众多构件之间的冲突是设计中的一个难点。因此在 BIM 应用过程中先按照常规结构的配筋配束方式进行了 BIM 建模，但发现盖梁预应力钢束和盖梁底缘钢筋都碰到了套筒或钢筋，因此对钢束和钢筋的布置进行了优化，钢束采取了平弯，钢筋采用了双层布置，保证盖梁在预制过程中钢束能从所有其他构件的缝隙中穿过而不发生碰撞。

另外，立柱在底部构造上采用了扩头的形式，为了适应扩头区域的受力要求，此处的钢筋排布十分复杂，二维图纸表达钢筋显得非常杂乱，并且很难考虑施工过程的可行性，因此在此处进行了钢筋之间的构造排布与干涉检查，优化了钢筋的排布与尺寸，保证了施工过程的可行性，如图 9-19 所示。

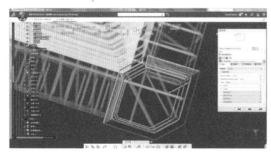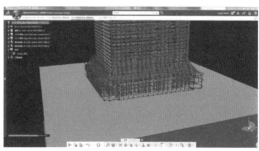

图 9-19　预制拼装结构内部结构干涉检查

9.6.5　应用效果

本工程基于云平台的应用成果表明，在大型市政交通类项目中应用 BIM 技术的可视化和协同化优点，能够快速查出设计方案错、漏、碰、缺，有效提高设计的质量和效率，通过 BIM 模型直接进行优化设计和深化设计，带来设计品质的提高。

通过本工程的应用，也有以下几点心得体会：

（1）通过二次开发，能够在构建模型阶段为项目节省大量时间，使得 BIM 人员能够把更多的精力放到协同设计上来。

（2）协同设计不仅适用于专业之间，在同一专业内部由不同设计人员设计的结构也可以利用云平台进行设计交接与校核，以发现常规设计中容易忽略的问题。

（3）基于统一云平台的协同设计有效避免了在目前 IFC 标准不成熟的情况下模型互导和整合的问题，在设计方内部可以实现设计成果的无损传递。但设计完成后交接给后续人员进行施工和运维仍然需要实行跨平台的数据转化，这一问题仍然是接下来的研究重点。

（本项目由上海市政工程设计研究总院（集团）有限公司提供）

9.7 应用案例：上海市白龙港污水处理厂提标改造工程

9.7.1 项目背景

上海市白龙港污水处理厂位于浦东新区合庆镇，历经多次改扩建，形成了 2004 年建成的 120 万 m^3/d 一级强化处理设施，2008 年建成的 200 万 m^3/d 二级出水标准处理设施，以及 2013 年新建成的 80 万 m^3/d 一级 B 出水标准处理设施，目前总处理能力 280 万 m^3/d，工程服务面积约 995km^2，规划服务人口约 900 万～950 万人，服务范围包括南汇区（现属浦东新区）及部分中心城区，项目自建成运行至今，每日处理污水量 220 万～240 万 m^3，雨天最高可达 334 万 m^3/d，为上海市的环境保护和 COD 减排作出了巨大贡献。

9.7.2 实施方案

本工程主要采用外部链接的协同方式。其中工艺第一次向各专业提资采用邮件发送 CAD 二维简图的方式，后由结构专业建立基础土建 BIM 模型，各专业通过 Revit 外部链接和 AutoCAD 外部参照协同工作。

本工程软件配置采用 Revit 和 Plant3D 作为主要设计工具，并以 Revit 模型为核心，探索平台间数据交互及模型信息的应用，使用的软件见表 9-3。

工程使用的软件　　　　　　　　　　　　　　　　　表 9-3

序号	软件名称	用途
1	Revit	结构、通风模型建立，工程量统计
2	Plant3D	管道、设备模型建立，工程量统计
3	Navisworks	设计校核，碰撞检查

9.7.3 BIM 应用

地下污水处理厂主要难度在于空间有限、管线复杂。在以往的地下污水处理厂施工过程中均发生过管线碰撞，需现场变更的情况。其中部分情况由于牵涉大断面通风管道的碰撞，其变更往往导致局部空间的局促和不合理。本次工程设计利用 BIM 技术很好地解决了以上问题，结构专业首先根据工艺专业提供的二维草图完成三维模型的构建，工艺、暖通专业在模型基础上完成管线、设备的构建。如图 9-20 所示。

图 9-20　地下污水处理厂 BIM 模型

1. 协同设计

由于地下污水处理厂体量较大，整个地下部分均由多个设计人员分别设计，就各专业协同设计而言，分别更新各自的 BIM 模型后，以电子邮件的形式发送给各专业，各专业更新链接和外部参照是较为便捷的协同方式。

本工程由排水专业首先提交布置简图及模型定位坐标点，其他专业根据定位坐标点绘制模型并进行详细设计，以保障地下污水处理厂、地上处理构筑物和厂区管线能够相互衔接，便于校核。

在本项目中，通过 Navisworks 碰撞分析后，发现部分碰撞，通过检测，不仅发现了穿梁管、穿柱管等问题，同时检测出了水管在转弯处空间距离过小等问题。经过三个专业沟通后，优化了设计。通过三维模型的搭建，设计人员可以更清晰地了解构筑物中管线之间的关系，使项目中各专业的认识达到了高度统一，减少了施工期间的修改。

2. 辅助出图及工程量统计

（1）出图工作内容

地下箱体管线综合、地下箱体平面及剖面布置图、材料表。

（2）出图完成率

本次设计图纸中各专业采用 BIM 设计手段用于主要复杂节点的辅助设计和辅助出图，其中地下箱体的出图率达 100%，主要包括地下箱体平面图及剖面图、顶层梁柱及管道布置图以及管道设备材料表。

3. 明细表功能辅助统计暖通工程量

利用 Revit 的明细表功能，可以准确统计出工程量的"净量"。值得一提的是，在白龙港污水处理厂提标改造工程中，针对 Revit 原有风管管件族无法自动统计其面积的问题，在族中加入计算公式，能够准确计算出管件面积。

9.7.4　应用效果

1. 管理效益

白龙港污水处理厂提标改造工程通过项目 BIM 管理系统给项目建设单位提供了一个高效直观的平台用于项目建设的管理工作。项目建设单位利用该系统进行漫游演示、查看项目进度、管理施工质量等，未来该系统还将进一步开发，在项目建设完成进入运营阶段后继续发挥作用。

2. 质量效益

白龙港污水处理厂提标改造工程通过项目 BIM 管理系统，在施工图设计模型的基础上，由工程监理单位每日更新项目中发现的质量问题，同步上传质量问题意见单。未处理、已处理待审核及已处理的质量问题均在 BIM 管理系统中以不同颜色显示，为项目建设单位在项目质量控制方面提供决策依据。该系统提高了建设单位对项目质量的把控能力，有利于提高项目建设的质量效益。

3. 进度效益

首先，本工程在空间设计中由排水、结构、暖通三个专业协同采用 BIM 辅助设计手段，减轻了空间协调的工作量，缩短了出图时间，提高了出图的准确性。其次，由于设计中管道碰撞的可能性得到了有效的抑制，工程进入安装阶段时有望减小安装工程中的协调修改工作量，加快安装工程进度。

9.7.5　总结

利用 BIM 软件辅助正向设计可以弥补二维设计存在的不足，展现出明显的优势，包括：设计过程中随时生成单体模型，即时可见，直观清楚；Navisworks 向设计者提供了一个共同工作平台，各专业参与人员随时沟通，将各自创建的相应信息反馈到同一平台上，实现协同工作的效果；即时检查各专业及管道碰撞问题，便于修改和保证单体的唯一性，减少因设计问题导致的返工和重建，提高质量；模型一旦建成可以快速准确地生成大量的平、立、剖面图，减少设计、校核、审核人员的工作量，并且能快速生成准确的材料清单。

本工程 BIM 试点的主要经验在于：

（1）建立了地下污水处理厂 BIM 辅助设计的工作流程及协同方式；

（2）验证了 BIM 辅助设计手段对于地下污水处理厂进度及质量效益的收益；

（3）总结了一批排水管件库及暖通族库，可缩短今后类似项目的建模周期。

（本项目由上海市政工程设计研究总院（集团）有限公司提供）

9.8　应用案例：上海市黄浦江上游水源地原水工程

9.8.1　项目背景

黄浦江上游水源是上海市城市供水水源之一，主要向青浦、松江、金山、奉贤和闵行等西南五区供应原水，是形成"两江并举、多源互补"总体原水格局的重要组成部分。黄浦江上游水源地原水工程将西南五区现有取水口归并于太浦河金泽和松浦大桥取水口，形成了"一线、二点、三站"的黄浦江上游原水连通格局，实现了正向和反向互联互通输水，确保了上海西南五区原水安全供应，为地区经济社会发展、人民群众安居生活提供了基础条件，工程受益人口达 670 万人。

黄浦江上游水源地原水工程建设单位为上海黄浦江上游原水有限公司，整个项目具有以下显著特点：

（1）建设项目系统复杂。建设项目包括水库、复杂泵站、长距离管线等子工程，各子工程既相互联系，又有一定的独立性，还可能出现各种矛盾。同时，工程中的单体构筑物也很复杂，如金泽泵站涉及大型深基坑、复杂设备安装等。

（2）项目参建单位众多。建设单位为上海黄浦江上游原水有限公司，主要设计单位包括上海市政工程设计研究总院（集团）有限公司和上海勘测设计研究院有限公司，施工单位为上海市政建设有限公司、上海城建市政工程（集团）有限公司、上海建工七建集团有限公司等多家单位。

（3）进度质量控制要求高、建设要求工期短。

以上这些工程特点，对建设单位及参建各方都提出了严峻的挑战，需要新技术作为辅助手段。为此，上海黄浦江上游原水有限公司根据工程特点，积极响应政府的产业政策，组织相关单位进行 BIM 技术应用及研究，在工程建设中实施 BIM 技术，利用 BIM 技术可视性、虚拟化、协同管理的优势，减少返工浪费、有效控制进度、提高工程质量。为工程的顺利实施提供了支撑，为后续同类工程提供了有益的参考经验。

9.8.2 实施方案

BIM 技术实施从初步建立 BIM 模型开始直至设计施工图 BIM 完成，为工程提供直观的 BIM 模型参考，根据各专业的提资对模型进行深化和整合，并通过碰撞分析等手段优化施工方案，确保施工的顺利进行，最终提交完整的竣工模型。利用 3D 可视化设计和各种功能、性能模拟分析，促进建设、设计和施工等单位的沟通，优化设计方案，减少设计错误、提高构（建）筑物的性能和设计质量。在施工阶段，利用 BIM 专业之间的协同，有利于发现和定位不同专业之间或不同系统之间的冲突和错误，减少碰撞，减少工程频繁变更等问题。本工程为上海市重大工程，是大型输水工程中首次采用 BIM 技术，通过本工程的实施，可为同类工程提供有益的示范。

1. 各专业的构件、设备族库建设

泵站涉及专业众多，包括工艺、建筑、结构、电气、自控等，各类设备复杂，根据不同专业的需要建立了专业构件库，既可满足本工程的实际需要，也可为今后同类工程所用。

2. 中心文件模式的协同设计，各主要单体的三维建模

本工程采用中心文件模式的协同设计，主要建模单体包括增压泵房、变频控制室、辅助泵房、变电所以及泵站总平面。由于采用协同设计，各专业同步设计所见即所得，每个专业修改的内容都可让其他专业同步知晓，有冲突可及时反映出来。

9.8.3 BIM 应用

1. 基于 BIM 模型的三维结构计算

增压泵房结构复杂，采用基于 BIM 模型的三维结构计算，受力更为合理，经济性更优，如图 9-21 所示。

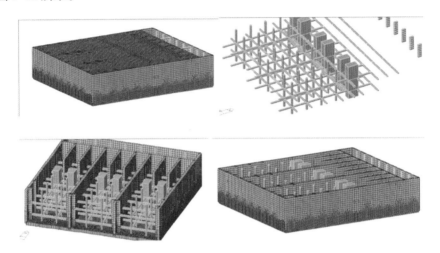

图 9-21　基于 BIM 模型的三维结构计算

2. 冲突检查

冲突检查及三维管线综合的主要目的是基于各专业模型，应用 BIM 软件检查施工图设计阶段的碰撞，完成建筑项目设计图纸范围内各种管线布设与建筑、结构平面布置和竖向高程相协调的三维协同设计工作，以避免空间冲突，尽可能减少碰撞，避免设计错误传递到施工阶段，如图 9-22 所示。

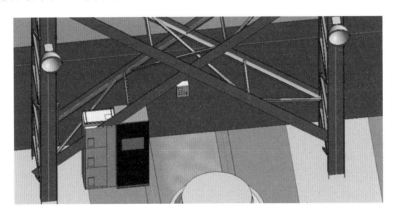

图 9-22　冲突检查结果

3. 基于 BIM 技术的正向设计

Revit 平台均具备出施工图的功能，基于 Revit 平台的 BIM 施工图是由三维模型与剖切面的几何运算得出，生成的图纸具备图纸与模型关联、模型可随意修改、模型或图纸"一处修改，多处联动"的优秀特性，同时 Revit 施工图还可以实现基于三维图元的跨图纸信息共享。然而，目前相关的国家制图标准基本是二维表达方式，相关的要求均针对二维图形。三维模型的优势得不到充分的发挥。同时，现有的 BIM 技术平台自动生成的二维工程图纸，尤其是给水排水构筑物的施工图纸，存在较多的问题，不能满足国家制图规范和设计院的企业标准的要求，如钢筋标注不符合国内制图习惯，需要到 AutoCAD 中进行人工修改。

9.8.4　应用效果

1. BIM 技术经验

BIM 提供了本工程可视化的思路，让以往在图纸上的构件形成一种三维的立体实物图形展示在项目部的面前，可以直观地将各种构件之间的互动性、反馈性和碰撞凸显出来，而且不仅仅用来做效果图的展示及报表的生成，同时，采用标准化的 WBS 工作流程分解将整个施工过程变得更加标准、更加精细。同时施工过程中的沟通、讨论、决策都在可视化的状态下进行，提高了沟通效率。

（1）采用 BIM 技术设计，使工程全貌更加直观可视，各专业间的配合能够无缝衔接，使各类建筑物的造型和布置与周边环境更加协调，结构更为合理、经济。

（2）应用 BIM 模型作冲突检查，发现了原设计图中用常规方法很难发现的问题，避免了空间冲突，避免了设计错误传递到施工阶段；同时也发现了一些施工的碰撞问题，提前采取了措施予以避免。

（3）基于 BIM 模型的复杂结构三维计算，使结构布置更为合理。

（4）为和目前国家、设计院出图标准协调，制定了统一的样板文件，通过开发 Revit 插件进行 BIM 图纸的后处理工作。

（5）应用 BIM 模型对部分细部做法进行了优化调整，设计院从被动变更转化为主动变更。

（6）施工图会审阶段采用 BIM 技术解决了查找错误难、各方沟通效率不高等难题，打破了传统施工图会审的工作流程，解决了会审效率低的问题，通过采用 BIM 作为项目各参与方之间进行沟通和交流的平台，使图纸会审内容更直接，使会审结果有了质的飞跃。

2. BIM 技术应用效益分析

黄浦江上游水源地金泽水库工程 BIM 技术应用 2015 年 6 月策划实施到 2017 年 6 月基本完成，历时两年，全面完成了试点方案中的内容，有力地支撑了工程的实施，取得了良好的技术经济效益，各类成本、工期等节约均折算成费用效益约 260 万元。

黄浦江上游水源地连通管工程 BIM 技术应用 2015 年 6 月策划实施到 2017 年 6 月基本完成，历时两年，全面完成了试点方案中的内容，有力地支撑了工程的实施，取得了良好的技术经济效益，各类成本、工期等节约均折算成费用效益约 310 万元。

（本项目由上海市政工程设计研究总院（集团）有限公司提供）

9.9　应用案例：苏州春申湖路快速化改造工程

9.9.1　项目背景

苏州春申湖路快速化改造工程，是苏州中环的重要组成部分，西起 228 省道，东至园区星塘街东，全长 16.4km。包含道路、桥梁、隧道、排水、管廊、交通等专业设计内容，是一典型的城市快速路工程，如图 9-23 所示。

图 9-23　项目概况

在这个项目上，我们的目标是建立起适用于城市快速路项目的全过程全专业的 BIM 设计解决方案。

9.9.2　实施环境

使用软件：Civil3D、Revit、3Dmax、Lumion、Roadleader、Vissim、Sketchup、Context-Capture。

硬件配置：16G 内存、显卡 GTX1060、大疆 Mavic Pro 无人机。

9.9.3　实施方案

该项目 BIM 实施主要解决以下 3 个问题：协同设计工作方式、专业设计模型创建和性能分析与优化，工作内容及实施方案见表 9-4。

工作内容及实施方案　　　　　　　　　　　　　　　　　　　表 9-4

工作内容		实施方案
协同工作方式		分部分项专业间采用 Revit 模型链接方式协同，分部分项专业内采用 Revit 共享工作方式协同
BIM 模型创建	道路模型创建	方案设计采用 Roadleader，施工图设计采用 Civil3D
	立交模型创建	方案设计采用 Roadleader，施工图设计采用 Civil3D
	桥梁模型创建	采用 Revit 设计建模
	附属模型创建	在 Revit 中创建
BIM 设计应用	方案比选	采用 Roadleader 建模，Lumion 展示方案
	设计方案与实景融合	采用大疆 Mavic Pro 无人机航拍，ContextCapture 处理图像生成模型，在 3Dmax 中整合实景模型和设计模型，在 Lumion 中展示
	二维出图	道路采用 Civil3D 出图，桥梁和管廊节点采用 Revit 出图
	碰撞检查	主要包括模型碰撞和净空检查，Navisworks 为通用碰撞检查软件，Roadleader 可设定净空限界，进行全线净空检查；也可采用 Navisworks 进行净高检查
	管线搬迁模拟	采用 Revit 建模，Lumion 展示
	交通仿真	采用 Roadleader 创建道路模型，导入 Sketchup，再导入 Vissim 进行交通仿真

9.9.4　BIM 设计模型

特殊造型桥梁和装配式桥梁都直接在 Revit 中完成建模，如图 9-24 所示。地形、道路等连续性结构在 Civil3D 中建模，如图 9-26 所示。在 Civil3D 中完成地质勘探孔建模，并形成土层曲面和实体，如图 9-25 所示。立交建模采用路立得建模导入 Revit 软件，如图 9-27 所示。

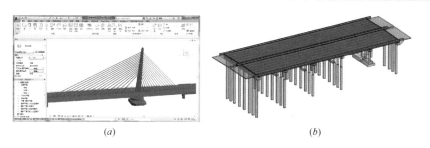

图 9-24 Revit 中设计建模

（*a*）特殊造型桥梁模型；（*b*）装配式桥梁模型

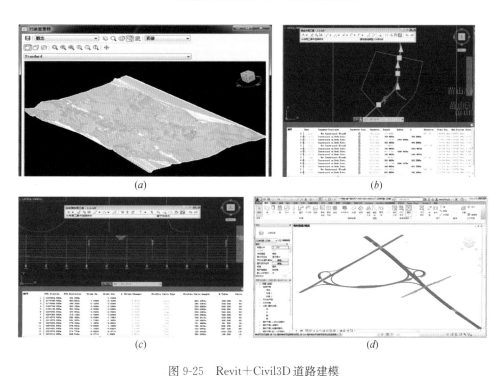

图 9-25 Revit＋Civil3D 道路建模

（*a*）Civil3D 地形；（*b*）Civil3D 平面；（*c*）Civil3D 纵断面；（*d*）Revit 互通立交模型

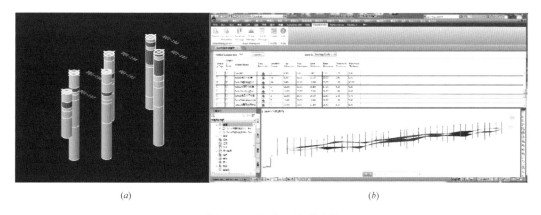

图 9-26 Civil3D 地质建模

（*a*）钻孔建模；（*b*）土层曲面及实体建模

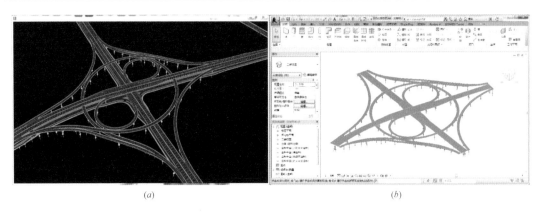

(a)　　　　　　　　　　　　　　　*(b)*

图 9-27　互通立交模型

(*a*) 互通立交；(*b*) 导入 Revit 后

9.9.5　BIM 设计应用

1. 方案比选

方案阶段利用方案模型进行不同方案的比较和决策，BIM 技术完整地展示了三个方案的技术特点，可以更容易地被专家、业主和公众理解。此外，对空间关系复杂的特殊节点，通过对道路、立交、高架等市政设施不同方案分别建立 BIM 三维模型，可清晰展示建设项目与周边地块、高压铁塔等现状地物的关系，从而提高项目方案决策的科学性，如图 9-28 所示。

图 9-28　节点立交方案比选

2. 设计方案与实景融合

当用地局促，新建结构与已有建（构）筑物距离较近时，可采用实景建模对周边地物进行真实模拟，同时与设计模型结合，以验证设计方案是否合理，同时也可作为展示手段，向业主或公众表达建设方案，如图 9-29 所示。

3. 二维出图与算量

当前阶段，二维出图仍然是必不可少的设计成果。利用 BIM 模型进行二维出图的优势在于，各视图实时关联，一处修改处处更新，同时对部分结构具有自动算量的功能，如图 9-30 和图 9-31 所示。

4. 碰撞检查

使用 BIM 设计可以完成地面和地下环境建模，利用碰撞检查功能发现和解决问题，有效地减少可能在施工中发现问题从而引起的设计变更，如图 9-32 和图 9-33 所示。

(a)   (b)

图 9-29 设计方案与实景融合

(a) Lumion 展示；(b) 云端展示

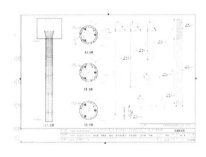

图 9-30 桩基钢筋图

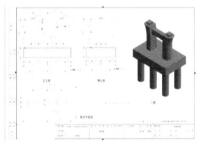

图 9-31 墩柱构造图

图 9-32 立交匝道净高检查

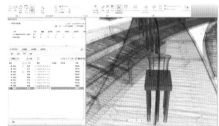

图 9-33 桥墩与隧道碰撞检查

5. 管线搬迁模拟

根据管线搬迁方案建立市政管线、道路、围护结构、主体结构外轮廓和周边环境模型，针对各阶段要求施工内容分别进行管线与施工设施、围挡建模与方案模拟，如图 9-34 所示。

图 9-34　管线搬迁与交通导改

6. 交通仿真

通过交通仿真，对车道规模、出入口匝道设置等内容进行数据分析论证，以得到更加合理的设计方案。BIM 模型可导入专业的交通仿真软件 Vissim，在 Vissim 中进行视频制作，如图 9-35 所示。

图 9-35　交通仿真

（本项目由悉地（苏州）勘察设计顾问有限公司提供）

第 10 章　模　型　审　核

BIM 模型审核的主要目的是检查模型信息是否与已经掌握的和客观存在的信息对应。BIM 技术应用全过程中，每一个阶段 BIM 模型都要由工程各参与方审核，经修改通过后才能进入下一阶段。模型质量的优劣成为衡量 BIM 应用是否成功的一个极为关键的因素。

10.1　模型审核概述

审核主要是指对质量管理体系的符合性、有效性和适宜性进行的检查活动和过程，具有系统性和独立性的特点。系统性是指被审核的所有要素都应覆盖；独立性是为了使审核活动独立于被审核部门和单位，以确保审核的公正和客观。

10.1.1　BIM 模型审核现状

BIM 模型审核工作是 BIM 应用体系中必不可少的一个环节，由于涉及面比较广，国内暂时没有人对它做一个较为系统的分析研究。国内外有关 BIM 模型审核多为基于碰撞检查的模型审核。

以模型应用为主的 BIM1.0 阶段，碰撞检查通常是检查模型几何对象之间的"碰撞"，对碰撞检查的审核仅仅只是判断空间关系；以信息应用为主的 BIM2.0 阶段，出现了"规则碰撞检查"审核方法，分析影响空间使用的设计原则，进而协调冲突，同时反映了如何利用累加的信息贯穿整个 BIM 过程。

BIM 模型审核工作不应只是单纯的碰撞检查，还应该检查人为因素造成的未形成碰撞，但是却属于错误的部位，模型中各种因素的合理性，是否便于施工、是否经济、是否有利于工程管理等。

10.1.2　BIM 模型审核数据源

建立一个模型，需要一些参考信息，如设计阶段建模，需要参考设计规范、甲方需求等；施工阶段建模，需要参考设计图纸、施工规范等；运维阶段建模，需要参考竣工图纸、功能需求等。这类建模参考信息称为数据源，建模的过程则是将数据源转化为模型信息的过程。而审核工作则是检查模型信息与应用目标所需求数据源的对应关系。

BIM 模型审核在数据源的基础上，还需要工程项目各个阶段 BIM 应用所涉及的所有数据：三维检查分析报告、构件数量、施工进度、工程造价、设计文档等。BIM 模型审核的基本对象是 BIM 构件，因此，还需要涉及 BIM 构件的所有综合信息：名称、规格型号、造型、材质、颜色、尺寸、功能、属性、制造商、生产日期等。

根据以上对模型审核数据信息的归纳，审核内容可归结为两大类：

（1）建模质量。即检查建模过程中造成的模型尺寸、信息等出现的偏差。

（2）设计合理性。即检查由于设计或工程管理而体现在模型中的问题。

10.1.3 BIM 模型审核原则

在对 BIM 模型进行审核之前，在不同的阶段都需要及时收集和了解各种数据源和信息，如业主要求、建筑设计图纸、各种规范、现场尺寸、施工组织设计、设计变更等。

BIM 模型审核并不需要对 BIM 模型的所有数据都进行审核。在每个阶段建立 BIM 模型之前，都应该设定项目应用需求。在执行某种 BIM 应用时，这个应用需求的内容必须明确，审核内容围绕需求信息进行，并不需要检查该项目是否包含所有 BIM 数据，而只需确认该项目是否包含执行该种应用的必要数据，并对数据的准确性和合理性进行审核。

BIM 模型审核应从以下三个方面进行检查：

（1）几何信息：如模型的构件数量是否足够，不同几何体之间冲突情况等；

（2）逻辑信息：如数据信息、参数、属性是否全面，是否满足相关法规、设计标准、功能需求、工程管理合理性等；

（3）数据质量：如构件和信息是否能满足当前阶段的应用需求，构件属性数据质量等。

10.1.4 BIM 模型审核方法

目前 BIM 模型审核方法有观察法、图像比对法、碰撞检查法、数据对比法。

1. 观察法

观察法主要用于每一阶段审核工作中的初步检查。通常由人工依据相关规范、业主需求等概念性的数据源及业主要求对模型进行初步直观地浏览，判断模型是否包含数据源要求的内容。

2. 图像比对法

对于有相关电子图纸的数据源，通常采取图像比对技术，将数据源提供的电子图纸与模型对应的平面图、立面图、剖面图、详图重合比对，可利用计算机软件直接进行比对，给出误差报告；也可由人工直接对 BIM 模型和电子图纸进行直观比对。

3. 碰撞检查法

碰撞检查法就是利用 BIM 软件自带的碰撞检查功能进行碰撞检查。如随着 BIM 模型应用的普及，越来越多的 BIM 模型需要进行检查及复核，碰撞检查可以对模型中的几何对象之间的以下四类问题进行检查：

（1）硬碰撞：指模型中的对象与对象之间发生不被允许的位置冲突。

（2）软碰撞：指在一定范围内允许的对象与对象之间的位置冲突。

（3）规则碰撞：指对象与对象之间并未发生接触，但是不满足规范和要求而产生的位置冲突。

（4）重合碰撞：指两个完全相同的对象在空间上完全重叠。

4. 数据对比法

数据对比法是利用软件中的明细表功能，将所需检查的构件名称及构件属性按一定规则罗列出来，并与数据源相对应的信息做对比。

10.1.5 BIM 模型审核面临困难

国内外对于 BIM 模型审核还没有统一的规范和标准，工程建设全过程"数据源"的种类繁多且错综复杂，各领域各专业大量的规范标准，使得审核模型花费的时间并不比建模时间少，导致 BIM 模型审核工作效率低下；审核人员除了要掌握 BIM 软件、有 BIM 技术应用经验外，还需要有丰富的工程设计经验和各专业知识，这样的人才非常少；不同软件之间的模型转换存在着不同程度的数据丢失，甚至某些软件不同版本之间的数据转换也存在一定的丢失，这使得依靠计算机软件来审核模型的可靠性不高。

如何有效检查 BIM 模型的质量，如何减少在建模过程中因各种原因造成的尺寸偏差，如何保障构件信息录入的准确性、模型设计的合理性、造价的经济性等，诸如此类的问题仍困扰着当前的审核工作。

随着 BIM 技术的不断发展，国内外 BIM 模型审核标准、数据转换标准将逐渐统一，针对 BIM 模型的质量与合理性进行检查的优秀软件，将 BIM 技术人员从审核 BIM 模型的巨大工作量中解放出来；同时，随着 BIM 技术的普及，从业人员也会积累丰富的审核经验，BIM 模型的审核工作会更加高效、精确、标准。

10.2　欧特克软件模型审核解决方案

Autodesk Revit Model Review 是用于 Revit 平台的插件，可验证项目的准确性和一致性，其中包含各种更正选项，可确保模型的完整性和正确性。

Autodesk Revit Model Review 基于两个功能：检查和管理。这两个工具位于功能区的"附加模块"选项卡▶"Model Review"面板中，如图 10-1 所示。

图 10-1　Autodesk Revit Model Review 模型审核选项

10.2.1　Autodesk Revit Model Review 常用功能

（1）检查：针对特定场景的检查事项的独有详细信息，保存在"检查文件"中。

（2）检查文件：以单个文件类型（.bcf）格式保存在一起的一组单项"检查"。可以根据需要在本地或网络中存储多个"检查文件"，也可以采取本地和网络结合的方式存储。

（3）检查 BIM 标准：用于确定对项目运行哪些检查的界面。

（4）更正：如果给定的修复易于识别，可以使用"结果浏览器"并选择修复列下的扳手图标，来进行自动更正。这需要在"管理 BIM 标准"中的"基本信息"选项卡上进行设置。将"状态"设置为"允许更正"即可。

（5）管理 BIM 标准：用于创建和配置检查的界面。

（6）结果浏览器：该界面在"检查 BIM 标准"完成后显示。用于查看、打印、通过电子邮件发送和/或保存结果。

（7）结果查看器：用于在以后查看、打印、通过电子邮件发送和/或保存结果。

模型审核结果如图 10-2 所示。

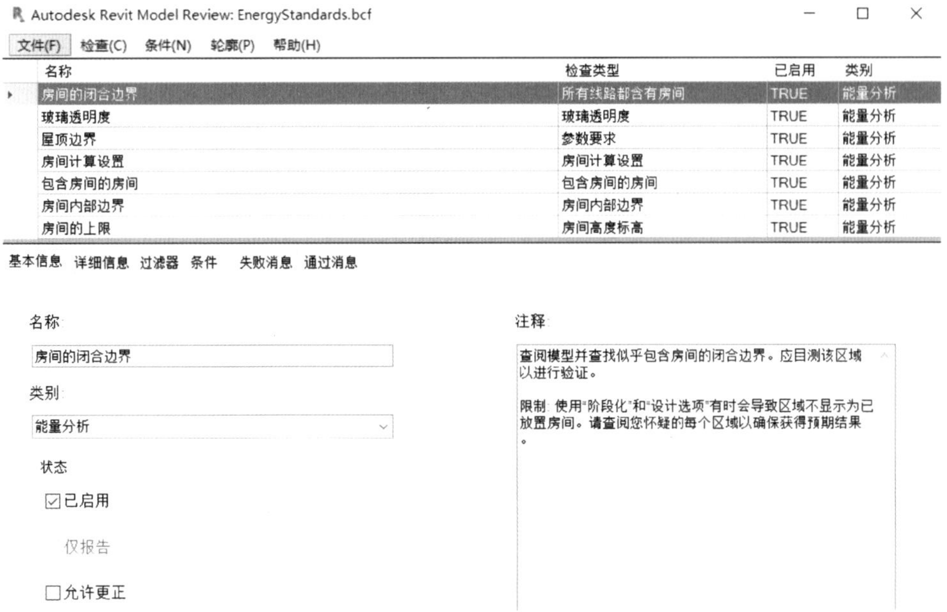

图 10-2　Autodesk Revit Model Review 模型审核结果

10.2.2　Autodesk Revit Model Review 文件类型

（1）.bcf- Model Review 检查文件，用于存储检查。

（2）.bcr- Model Review 检查结果，用于将多个检查结果存储到指定的输出位置。

（3）.config- Model Review 检查配置文件，用于存储 Model Review 所用的检查顺序、位置、输出和名称。也用于控制"检查"和"管理"界面所显示的列表的顺序。

10.2.3　Autodesk Revit Model Review 中检查特定 BIM 标准

（1）单击"附加模块"选项卡➤ Model Review 面板➤"检查"，如图 10-3 所示。

图 10-3　模型检查标准选择

（2）在下拉列表中选择"检查文件"。

（3）从以下选项中，拾取希望以何种方式针对项目运行检查；完成后，结果将显示在结果报告中，如图 10-4 所示。

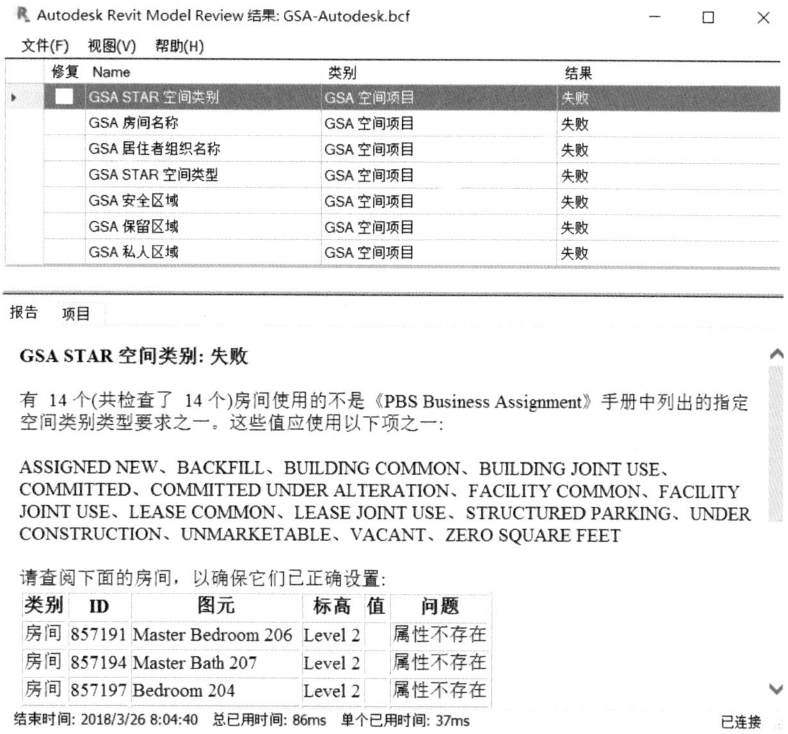

修复	Name	类别	结果
☐	GSA STAR 空间类别	GSA 空间项目	失败
	GSA 房间名称	GSA 空间项目	失败
	GSA 居住者组织名称	GSA 空间项目	失败
	GSA STAR 空间类型	GSA 空间项目	失败
	GSA 安全区域	GSA 空间项目	失败
	GSA 保留区域	GSA 空间项目	失败
	GSA 私人区域	GSA 空间项目	失败

报告　项目

GSA STAR 空间类别: 失败

有 14 个(共检查了 14 个)房间使用的不是《PBS Business Assignment》手册中列出的指定空间类别类型要求之一。这些值应使用以下项之一:

ASSIGNED NEW、BACKFILL、BUILDING COMMON、BUILDING JOINT USE、COMMITTED、COMMITTED UNDER ALTERATION、FACILITY COMMON、FACILITY JOINT USE、LEASE COMMON、LEASE JOINT USE、STRUCTURED PARKING、UNDER CONSTRUCTION、UNMARKETABLE、VACANT、ZERO SQUARE FEET

请查阅下面的房间，以确保它们已正确设置:

类别	ID	图元	标高	值	问题
房间	857191	Master Bedroom 206	Level 2		属性不存在
房间	857194	Master Bath 207	Level 2		属性不存在
房间	857197	Bedroom 204	Level 2		属性不存在

结束时间: 2018/3/26 8:04:40　总已用时间: 86ms　单个已用时间: 37ms　　　已连接

图 10-4　模型检查结果

针对各种方式获得的这些信息，可以进一步处理，单击修复命令修复，如图 10-5 所示。

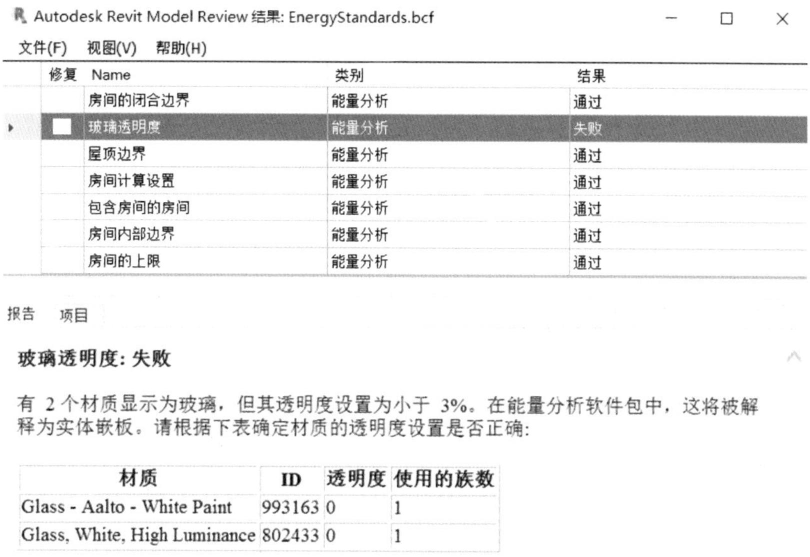

修复	Name	类别	结果
	房间的闭合边界	能量分析	通过
☐	玻璃透明度	能量分析	失败
	屋顶边界	能量分析	通过
	房间计算设置	能量分析	通过
	包含房间的房间	能量分析	通过
	房间内部边界	能量分析	通过
	房间的上限	能量分析	通过

报告　项目

玻璃透明度: 失败

有 2 个材质显示为玻璃，但其透明度设置为小于 3%。在能量分析软件包中，这将被解释为实体嵌板。请根据下表确定材质的透明度设置是否正确:

材质	ID	透明度	使用的族数
Glass - Aalto - White Paint	993163	0	1
Glass, White, High Luminance	802433	0	1

图 10-5　模型检查修复

10.2.4　Autodesk Revit Model Review 中如何制定 BIM 标准

（1）单击"附加模块"选项卡➤ Model Review 面板➤"管理"。

（2）通过新建命令制定自己的 bcf 标准文件，在制定 BIM 标准的过程中，可以对族、能耗、MEP、重复图元、文件命名规则、文档位置、可见性等诸多内容进行检查，由于篇幅关系这里不进行描述，如图 10-6 所示。

图 10-6　Autodesk Revit Model Review 制定 BIM 标准

10.3　鸿业软件模型审核解决方案

鸿业模型检查插件是基于 Revit 平台的插件，研发背景及目的：为提升 BIM 模型的检查效率、准确度，提高算量效率以及其他相关部门的工作效率，根据设计人员、业主方的需求，本程序通过自动化的方式来完成对 BIM 模型的检查工作，在保障检查工作精准度的同时大幅缩短了检查所需时间。

10.3.1　常用功能

1. 构件检查（模型与族）

根据"用户界面"、"查询搜索"、"分析计算"和"产生报告"等过程进行流程设计，如图 10-7 所示。

2. 检查依据：命名、属性、系统

命名检查规则见表 10-1。

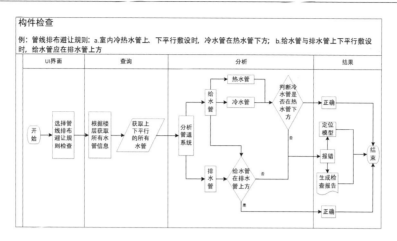

图 10-7　构件检查设计流程图

命名检查规则　　　　　　　　　　　　　　　　　　　　　　　　　表 10-1

专业		命名规则	命名示范
建筑		"特征（材料、功能等）＋构件名称"－"尺寸"	混凝土墙－200mm
结构			现浇混凝土－400mm×800mm
给水排水	管道	"系统"－"材质"	喷淋系统－镀锌钢管
	管件	"材质"－"构件名称"	镀锌钢管－弯头
	管道附件	"构件名称"	电动蝶阀
	设备	"设备名称"	卧式离心泵
暖通	管道	"系统"－"材质"	冷冻水系统－无缝钢管
	管件	"材质"－"构件名称"	无缝钢管－弯头
	管道附件	"构件名称"	蝶阀
	设备	"设备名称"	风冷热泵机组
电气	设备	"具体设备名称"	烟感火灾探测器
	桥架	"系统名称"－"桥架种类"－"材质"	弱电－梯式电缆桥架－不锈钢
	桥架配件	"系统名称＋桥架种类"	弱电梯式电缆桥架水平弯头

技术参数（属性）检查规则见表 10-2。

技术参数（属性）检查规则　　　　　　　　　　　　　　　　　　　表 10-2

专业	类型	技术参数
建筑	场地	名称、尺寸、位置、景观、人物、植物、道路
	墙	名称、尺寸、类型、各层材质、各层厚度、砂浆类型
	柱	名称、尺寸、截面类型、材质、其他各层厚度、各层材质、节点详图编号
	门	名称、尺寸、类型、框架材质、嵌板材质、节点详图编号
	窗	名称、尺寸、类型、框架材质、嵌板材质、节点详图编号
	屋顶	名称、尺寸、椽截面、坡度、结构层厚度、其他各层厚度、结构层材质、各层材质、节点详图编号
	楼板	名称、尺寸、标高、坡度、其他各层厚度、各层材质、结构层厚度、结构层材质、节点详图编号

专业	类型	技术参数
建筑	天花板	名称、尺寸、标高、坡度、结构层厚度、结构层材质、节点详图编号
	楼梯	名称、标高、宽度、踏面数、踏面高度、踏面深度、其他各层厚度、各层材质、结构层材质、混凝土强度、钢筋强度、节点详图编号
	坡道、台阶	名称、标高、宽度、其他各层厚度、各层材质、结构层材质、混凝土强度、钢筋强度、节点详图编号
	电梯	名称、尺寸、材质
	幕墙	名称、尺寸、类型、标高、材质
	家具	名称、尺寸、类型、标高、材料
结构	板	名称、尺寸、连接方式、锚固长度、钢筋型号、混凝土强度、钢筋强度、配筋、节点详图编号

构件系统检查规则见表 10-3。

构件系统检查规则　　　　　　　　　　　表 10-3

实体名称	系统代号	系统颜色（红/绿/蓝）RGB
柱	COLU	255/255/000
梁	BEAM	000/255/255
板	SLAB	000/255/255
结构墙	SWAL	255/255/000
建筑墙	AWAL	134/232/242
门	DOOR	152/236/122
窗	WINDOW	220/237/165
幕墙	MQ	127/159/255
系统名称	工作集名称	颜色编号（红/绿/蓝）RGB
送风	送风	247/150/070
排烟	排烟	146/208/080
新风	新风	096/073/123
采暖	采暖	127/127/127
回风	回风	099/037/035
排风	排风	255/063/000
除尘管	除尘管	013/013/013

Revit 软件系统设置，如图 10-8 所示。

根据需求采用"一键检测"和"分项检测"两种检测方式，分别处理无人工交互和需人工交互两类检查；支持分"专业"、分"楼层"、分"区域"的检查方式；提供分项"设置"进行配置扩展；结果可以查看、定位、输出、查询；提供"修改记录查看"功能。如图 10-9、图 10-10 所示。

系统类型信息列表

系统类型名称	缩写	线颜色	
循环供水	XHGS	RGB 128 12...	▼
循环回水	XHHS	RGB 128 12...	▼
废水系统	F	RGB 000 12...	▼
热给水系统	RJ	RGB 000 00...	▼
中水系统	ZJ	RGB 255 00...	▼
喷淋系统	ZP	RGB 255 00...	▼
干式消防系统	X	RGB 255 00...	▼
预作用消防系统	X	RGB 255 00...	▼
其他消防系统	X	RGB 255 00...	▼
其他	T	RGB 000 20...	▼
通风孔	T	RGB 255 15...	▼
热回水系统	RH	RGB 000 25...	▼
污水系统	W	RGB 128 06...	▼
通气系统	T	RGB 255 15...	▼
给水系统	J	RGB 000 25...	▼
消防系统	X	RGB 255 00...	▼
送风	SF	RGB 000 00...	▼
回风	HF	RGB 255 00...	▼
排风	PF	RGB 000 25...	▼

图 10-8　Revit 软件系统设置

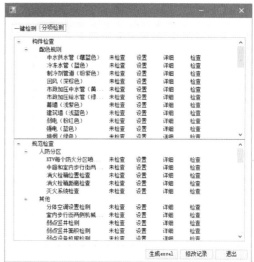

图 10-9　构件检查主界面

10.3.2　图元检查

根据需求采用"一键检测"检测方式，无需人工交互；支持分"专业"、分"楼层"、分"区域"的检查方式；提供分项"设置"进行配置扩展；结果可以查看、定位、输出、查询；提供"修改记录查看"功能。如图 10-11 所示。

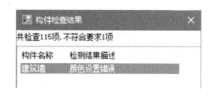

图 10-10　构件检查结果界面

图 10-11　图元检查主界面

10.3.3　交汇扣减检查

根据"用户界面"、"查询搜索"、"分析计算"和"产生报告"等过程进行流程设计，如图 10-12 所示。

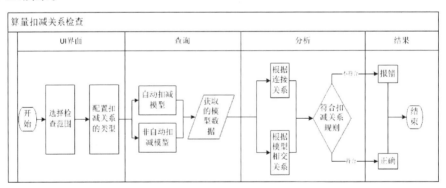

图 10-12　交汇扣减检查设计流程图

根据《BIM 算量建模标准》进行扣减设置，支持分"楼层"、分"区域"的检查方式；结果可以查看、定位、输出、查询；提供"修改记录查看"功能。如图 10-13～图 10-17 所示。

图 10-13　交汇扣减检查选择界面

图 10-14　交汇扣减检查楼层选择界面

图 10-15 交汇扣减检查设置界面

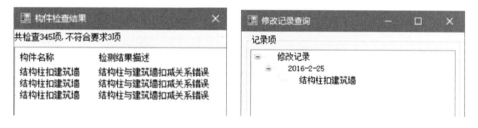

图 10-16 交汇扣减检查结果界面 图 10-17 交汇扣减检查修改记录界面

10.3.4 文件检查

根据"用户界面"、"查询搜索"、"分析计算"和"产生报告"等过程进行流程设计，如图 10-18 所示。

根据《BIM 模型标准》和《BIM 算量建模标准》关于模型文件目录组织结构、文件命名方式和链接关系的内容，进行一键式检查；提供"命名编码设置"进行配置扩展；结果可以分类查看、输出、查询。如图 10-19～图 10-21 所示。

10.3.5 模型变化检查

根据"用户界面"、"查询搜索"、"分析计算"和"产生报告"等过程进行流程设计，如图 10-22 所示。

直接指定"原始模型文件"和"比较模型文件"，进行一键式检查；提供分类"模型属性设置"功能，方便配置扩展；结果可以分类查看、输出、查询。如图 10-23～图 10-25 所示。

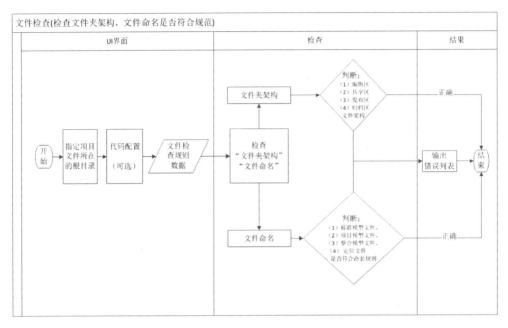

图 10-18　文件检查设计流程图

图 10-19　文件检查主界面

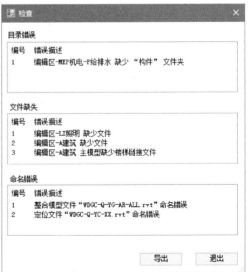

图 10-20　文件检查目录配置界面　　　　图 10-21　文件检查结果界面

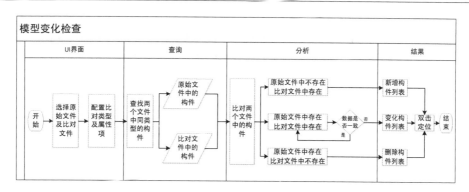

图 10-22 模型变化检查设计流程图

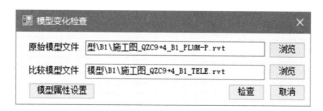

图 10-23 模型变化检查主界面

图 10-24 模型变化检查属性设置界面

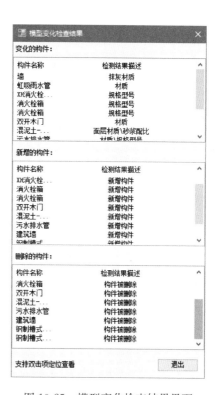

图 10-25 模型变化检查结果界面

10.3.6 检查报告

项目检查报告如图 10-26 所示。各专业错误统计如图 10-27 所示。

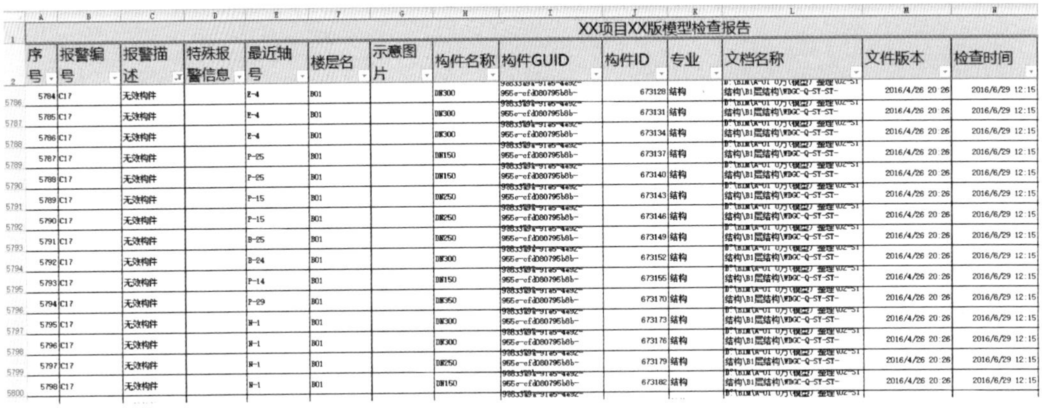

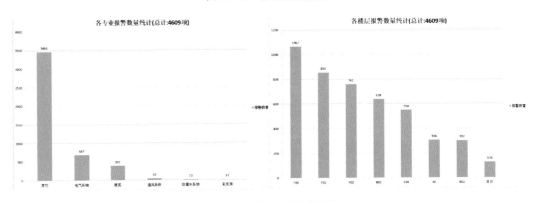

图 10-26　项目检查报告

各专业报警数量统计(总计:4609项)

各楼层报警数量统计(总计:4609项)

图 10-27　各专业错误统计

10.4　达索系统模型审核解决方案

10.4.1　项目审核流程

通常项目校审人员一般不参与具体建模，因此需要为校审人员定义特殊的角色，用来区分与设计人员不同的角色和权限。在 ENOVIA 中以 Contributor 的角色定义校审人员，校审人员可对设计文档进行自由浏览以及创建校审意见，但是不能随意修改设计内容，从而保护了设计内容在校审过程中不会因为失误被修改。

校审根据内容不同将校审意见挂在产品结构树的相应位置。例如，当进行厂房管路校审时，可在厂房管路总装节点下放置校审意见，以便组织和管理。

设计校审通过专用校审模块完成，如图 10-28 所示。校审主要流程如图 10-29 所示。设计校审结果如图 10-30 所示。

图 10-28　专用校审模块

10.4.2　多项目管理解决方案

由于项目和项目之间存在着数据不同、人员不同、权限不同等

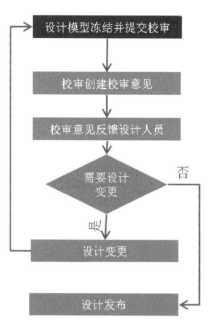

图 10-29　校审主要流程

图 10-30　设计校审结果

差异性，一般建议单个项目通过 Collaborative Space 的方式进行管理，即为每个项目创建一个单独的项目空间。在每个 Collaborative Space 中添加项目的相关设计人员并设置角色。根据项目特点的不同（保密程度），可以选择创建不同类型的 Collaborative Space 以满足项目要求，如表 10-4 所示。

Collaborative Space 主要类型　　　　　　　　　　　　　　　　　　　　　　表 10-4

成熟状态（State of maturity）					主要类型
私有 （Private）	工作中 （In Work）	冻结 （Frozen）	已发布 （Released）	废弃 （Obsolete）	
					"Public" collaborative space
					"Protected" collaborative space
					"Private" collaborative space

根据 Collaborative Space 的特点，建议根据不同的项目需求使用不同的 Collaborative Space，如表 10-5 所示。

Collaborative Space 的选择　　　　　　　　　　　　　　　　　　　　　　表 10-5

项目类型	Collaborative Space 类型
保密项目	Private
一般项目	Protected
构件库、模板库等公共资源	Public

对于保密项目，所有项目数据对于项目内部人员（Collaborative Space 成员）可见，但是项目外部人员不能搜索或者读取该项目的所有数据。

对于一般项目，所有项目数据对于项目内部人员（Collaborative Space 成员）可见，在项目设计阶段和校审阶段，项目内容对项目外部人员保密。一旦项目结束，项目数据发布出去，该项目数据对项目外部人员可见（可搜索和可读取）。

对于属于公共资源的构件库、模板库、规则等，可存放于"Public" collaborative space 中，以便一般设计人员都能够在设计过程中自由读取。

当设计人员参与多个项目时，登录 CATIA 开始设计时必须先选择即将开始的项目对应的 Collaborative Space，否则无法正常读取项目数据（可搜索和可读取）以及修改和设计。

10.4.3 项目多阶段管理解决方案

一般项目分为以下几个阶段：预可研、可研、招标、技施。每个阶段根据需要提交相关的设计文档和报告资料，每个阶段的设计依据也是前一阶段的成果，因此可以理解为每个阶段都是设计从粗到细的迭代过程，可以通过大版本和自定义阶段属性进行控制。

10.4.4 多方案管理解决方案

当设计中某个局部存在多种方案时，对该部分的多种方案通过多个小版本进行管理，可实现在不同方案之间进行切换。

10.4.5 碰撞检查

各专业设计模型基本固化之后，需要对总装模型进行碰撞检查和校审，校审结果以文档的形式分发给相关设计人员。当设计人员根据校审意见更新了设计模型并更新了校审意见之后需要进行校审复核，校审复核没有问题可进入下一步流程。

（1）启动 CATIA 并打开需要做碰撞检查的模型，运行碰撞检查功能，如图 10-31 所示。

（2）可以对碰撞规则进行设置，同时可以控制碰撞的允许范围以过滤两个接触的物体之间的碰撞。

（3）碰撞规则和结果自动生成并保存，如果要保存多套碰撞规则，可保存为多个碰撞。

（4）可查看具体碰撞的模型，用户可根据查看结果确认是否为正常碰撞。

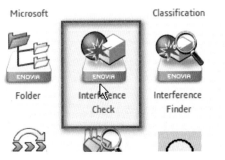

图 10-31　CATIA 碰撞检查模块

（5）可将碰撞结果导出为 HTML 格式。

以上过程对 CATIA 模型内所有构件进行碰撞检查，用户也可根据工程需要，选择两个或者多个范围进行相互之间的碰撞检查，如图 10-32 所示。

在碰撞设置对话框中，设置碰撞的内容：一对多、多对多等方式便于快速根据需要进行碰撞检查。一般在项目中避免进行系统内部的自碰撞检查，因为系统内部构件非常多，

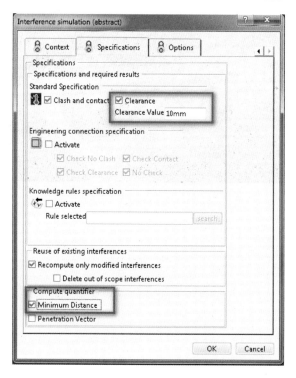

图 10-32　CATIA 碰撞规则设置

部件和部件之间都是通过接触的方式连接在一起,会降低碰撞检查的效率,且得出的结果多为无效碰撞。一般常用的碰撞为：

（1）系统和系统之间的碰撞；

（2）系统和建筑结构之间的碰撞。

10.4.6　碰撞检查跟踪和设计调整

碰撞设置保存在结构树上,设计模型根据碰撞检查结果进行更新之后,可重新更新碰撞检查结果,直到碰撞满足要求。设计过程中,设计人员可根据设计需要进行不定期的碰撞分析,一旦发现碰撞,尽快进行设计调整,避免在设计后期出现较大的改动。

10.5　应用案例：徐州市迎宾大道快速化改造工程

10.5.1　项目背景

徐州市迎宾大道快速化改造工程,工程范围起自三环东路迎宾大道立交,终点接入连霍高速公路。沿线分别经过昆仑大道、欣欣大道、彭祖大道、商聚路、楚韵路、汉源大道,现状道路宽度约 50m,道路改造工程全长约 8km,建设标准为城市快速路。为确保本项目在安全质量保障、进度实时跟进、投资全程控制、前沿技术运用等方面均达到优质工程项目的交付要求,引入了 BIM 系统平台＋项目全过程服务的模式,以实现项目整体价值最大化,工程效果如图 10-33 所示。

图 10-33　徐州市迎宾大道快速化改造工程效果图

10.5.2　BIM 应用意义

（1）实现设计信息协同与复核，保障设计质量

本项目设计内容涉及多专业，且各专业设计界面交错，很容易出现由于交接不到位等原因造成的图纸质量问题。搭建 BIM 模型后，不同专业的设计成果集成在同一可视化环境中，通过虚拟浏览及碰撞检查等手段，可在项目施工开始前及时发现设计图纸中的"错、漏、碰、缺"，并反馈给设计方予以解决，避免由于设计缺陷导致的施工进度延误，保障设计质量。

（2）实现项目三维可视化，加快理解和沟通速度

本项目路线范围长，空间关系复杂，理解二维图纸所表达的设计内容往往难度较大。而利用 BIM 技术建模后，设计成果以三维模型的形式直观地展示出来，其"所见即所得"的良好可视性和数据整合能力，可以帮助项目各参与方更直接地理解工程设计意图，消除各参与方的争议，从而加快沟通速度、提高决策效率。

（3）实现信息共享和管理协同，促进项目管理模式转型升级

BIM 绝不仅仅等同于三维模型，BIM 的核心理念是信息集成、消除"信息孤岛"，而这一重要功能的实现常常需要借助 BIM 信息协同管理平台。本项目参与方众多，基于统一的 BIM 信息协同管理平台可方便地进行信息共享和工作协同，保证信息传递的完整性与及时性，实现信息资源高度共享，极大地克服了"信息孤岛"的弊端，有效避免了传统项目各单位、各部门之间沟通不畅、信息反馈慢等问题，有助于减少相互推诿，缩短决策周期。

10.5.3　模型审核

为了保障后续 BIM 技术分析的准确性和 BIM 模型能顺利导入项目协同管理平台，建模工作完成后，BIM 工作团队还需要对模型质量进行多次审核。审核内容涉及模型几何尺寸、空间位置、编码完备性及规范性、信息完备性及规范性等，如图 10-34 所示。

10.5.4　应用总结

1. 关于 BIM 技术策划

BIM 1.0：以基于 BIM 模型实体的应用为主，即"技术线"应用，要求 BIM 模型必须满足几何构造精准、空间位置正确的要求。

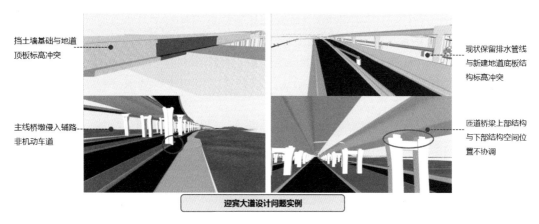

图 10-34　模型审核结果

BIM 2.0：以基于 BIM 信息的应用为主，即"管理线"应用，要求 BIM 模型必须满足拆分合理、编码规范、信息充分的要求。

2. 关于 BIM 建模

BIM 建模不是"为了建模而建模"，而是根据 BIM 应用内容对 BIM 模型提出的需求进行模型搭建。如不遵循这样的原则，势必造成反复建模。

3. 关于 BIM 技术分析

虽然当前大多数 BIM 应用项目还不是"BIM 正向设计"，而是俗称的"BIM 翻模"。但如果 BIM 建模工作严谨、模型精度足够高，还是会在保障设计质量、控制工程造价方面发挥巨大作用，因此绝不该因纠结于"正、逆向"，而对当前主流 BIM 应用工作开展方式进行一味的否定或质疑。

4. 关于 BIM 协同管理平台

较传统的项目管控平台，基于 BIM 的项目协同管理平台最突出的优势是三维直观可视化。BIM 模型构件将"质量、进度、安全、计量等"各条管理线的信息进行有机集成，并以可视化的方式进行展示。

BIM 平台的应用效果不仅取决于平台功能，更取决于平台主导方推行平台管理的决心和魄力，以及项目各参与方的配合度，否则就会流于形式，"看着有，实际无"，无法发挥应有的价值。

（本项目由上海市政工程设计研究总院（集团）有限公司提供）

10.6　应用案例：太湖新城吴中片区综合管廊（二期）工程

10.6.1　项目背景（工程概况、BIM 应用目标）

苏州太湖新城是市委市政府"一核四城"城市发展战略的重要组成部分，太湖新城又分为吴中太湖新城和吴江太湖新城，本项目位于吴中太湖新城。本项目是吴中太湖新城的重大基础设施项目之一，包含龙翔路、东太湖路、景周街、竹山路、旺山路、天鹅荡路、溪霞街、济之街、子文街、君益路 10 条管廊，总长将近 20km。

本项目 BIM 实施主要针对施工阶段，其 BIM 应用的主要目的有两点：

（1）通过施工阶段的 BIM 应用，建立项目施工阶段 BIM 实施体系和准则，为 BIM 项目管理提供技术支持，通过信息化管理手段，提升项目精细化管理水平，在施工的质量、安全、进度和成本等方面发挥积极作用。

（2）实现实体工程和 BIM 信息化技术的同步交付成果，为后期运维提供信息化支持，打通全生命周期中施工至运维的连通环节。

10.6.2　实施环境（软件、硬件）

使用软件：Civil3D、Revit、Revizto。

硬件配置：16G 内存、显卡 GTX1060。

10.6.3　实施方案（模型、信息）

1. 项目实施组织架构及各方职责

本项目的 BIM 实施组织架构为：业主聘请第三方 BIM 咨询机构在代建方的统一管理下，制定 BIM 实施流程和标准，审核施工方模型，提供 BIM 云平台实现项目管理的协同工作，在模型审核方面主要对进度和工程量进行审核。

BIM 总协调方：负责统筹规划整个项目的 BIM 实施，制定实施内容、流程和标准，审核施工单位的 BIM 成果；整合各施工方提交的 BIM 成果，形成整个片区综合管廊项目的总体文件，向业主汇报相关情况；向各方提供 BIM 技术支持，进行培训宣贯，提升各方的 BIM 应用水平。

设计方：需按照 BIM 总协调方的审核意见修改模型，直至满足 BIM 总协调方制定的标准。

施工方：接收设计单位提供的设计阶段 BIM 模型，对自身合同范围内的设计阶段 BIM 模型进行必要的校核和调整；根据项目实际施工进展，基于设计阶段 BIM 模型，完善施工阶段 BIM 模型，并在施工过程中及时更新，保持适用性；保持 BIM 模型与施工现场相结合，并配合 BIM 总协调方完成施工阶段 BIM 应用。

监理：依据 BIM 模型进行施工进度、质量等的现场检查，同时要依据 BIM 总协调方提供的工程量核对报告，对施工方申报的工程量进行审批。

2. 模型审核管理

在本项目中，BIM 模型审核与工程量申报结合在一起，施工单位每月申报一次工程量，在上报工程量的同时须提交 BIM 模型，BIM 总协调方对模型的准确性、进度、工程量进行审核，并出具审核报告，为监理、跟踪审计提供依据，如图 10-35 所示。

根据工程量申报和审核流程，在施工单位上报工程量后，BIM 总协调方作为第一道审核，然后才是监理和跟踪审计。

3. 模型审核一般流程

施工单位在系统中填写清单时，须备注该项工程量是否由 BIM 模型提供（即计算过程中用到的数据包含 BIM 模型提供的数据），并附上相应的报量模型（*.rvt）和工程量计算过程表格（*.xlsx），以及对上阶段模型审查意见的恢复。

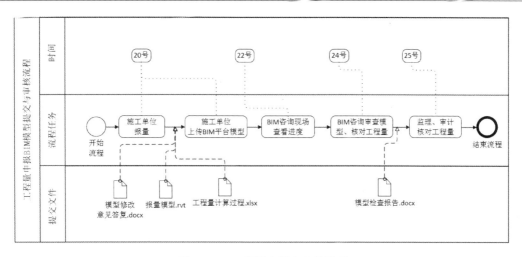

图 10-35　工程量申报和审核流程

BIM 总协调方模型审核一般流程如图10-36 所示。

图 10-36　BIM 总协调方模型审核一般流程

模型审核完成后，BIM 总协调方会出一份“阶段模型审核报告”，报告中的内容之一是按照工程量清单的格式，在由 BIM 提供数据的工程量后面附上核对结果，如果存在问题，则会对相关情况进行说明。

4. BIM 工程量审核内容

BIM 总协调方只对部分工程量清单进行审核，主要包括主体结构混凝土，如楼板、墙体、梁、柱等，以及基坑围护的围护桩、冠梁、支撑等构件，如图 10-37 所示。

10.6.4　应用效果

模型审查报告主要包括两部分内容，一部分是模型修改意见，主要是对模型准确性、进度一致性的审核；另外一部分就是对部分清单工程量的详细对比，既对当前阶段的量进行检查，也对总的申报量进行检查，如图 10-38 所示。

序号	清单编号	项目名称	项目特征描述	计量单位	合同数量	合同单价	合同金额
1		围护工程					28,467,987.34
1	04B002	拉森钢板桩施工费	1、工程部位：管廊标准	t	13523.35	547.05	7,397,948.62
2	04B003	拉森钢板桩引孔费	1、工程量计算规则：按	m	88850	19.21	1,706,808.50
3	04B004	拉森钢板桩租赁费	1、工程量计算规则：按	t天	1217101.5	6.04	7,351,293.06
4	040301004001	泥浆护壁成孔灌注桩	1、工程部位：仙玩港侧	m	2918	1017.98	2,970,465.64
5	040901004001	钢筋笼	1、钢筋种类：HRB400	t	55.998	4529.24	253,628.38
6	040901004002	钢筋笼	1、钢筋种类：HRB400	t	232.715	4646.46	1,081,300.94
7	040201013001	深层水泥搅拌桩	1、工程部位：仙玩港侧	m	1672	299.21	500,279.12
8	040201013002	深层水泥搅拌桩	1、工程部位：仙玩港侧	m	176	262.87	46,265.12
9	040201013003	深层水泥搅拌桩	1、工程部位：苏东河、	m	8209.8	284.88	2,338,807.82
10	040201013004	深层水泥搅拌桩	1、工程部位：苏东河、	m	787.2	294.81	232,074.43
11	040201013005	深层水泥搅拌桩	1、工程部位：分贸电站	m	1307.2	170.53	222,916.02
12	040201013006	深层水泥搅拌桩	1、工程部位：分贸电站	m	412.8	149.87	61,866.34
13	010202005001	型钢桩	1、工程部位：插入SMW	t	2471.95	602.82	1,490,140.90
14	010202005002	型钢桩	1、工程部位：插入SMW	t	230.361	672.59	154,938.50
15	04B005	H型钢租赁费	1、工程量计算规则：按	t天	440273.7	6.04	2,659,253.15
2		支撑工程					17,704,479.38
16	010202011001	钢支撑	1、工程部位：双拼型钢	t	7875.58	992.6	7,817,300.71
17	04B006	型钢构件租赁费	1、工程量计算规则：按	t天	945069.6	6.04	5,708,220.38
18	040303006001	混凝土支撑	1、部位：桩冠梁、砼支	m3	1073.21	815.74	875,460.33
19	040901001001	现浇构件钢筋	1、钢筋种类：HRB400	t	36.883	4309.89	158,961.67
20	040901001002	现浇构件钢筋	1、钢筋种类：HRB400	t	49.311	4136.36	203,968.05
21	040901001003	现浇构件钢筋	1、钢筋种类：HRB400	t	119.097	4253.72	506,605.29
22	040303006002	混凝土支撑梁及腰梁	1、部位：砼换撑带（传	m3	4665	390.61	1,822,195.65
23	040301004002	泥浆护壁成孔灌注桩	1、工程部位：钢格柱下	m	11	1328.75	14,616.25

序号	清单编号	项目名称	项目特征描述	计量单位	合同数量	合同单价	合同金额
1		管廊结构工程（标准段及钢					17,831,558.68
1	040303001001	混凝土垫层	1、混凝土强度等级：C2	m3	4191.91	532.42	2,231,856.72
2	040303024001	混凝土其他构件	1、名称、部位：倒虹一	m3	32.18	666.99	21,463.74
3	040303001002	混凝土垫层	1、混凝土强度等级：C2	m3	508.52	610.46	310,431.12
4	040406002001	混凝土底板	1、混凝土强度等级：C3	m3	4720.92	410.74	1,939,070.68
5	040406002002	混凝土底板	1、混凝土强度等级：C3	m3	1864.28	310.94	579,679.22
6	040406004001	混凝土墙	1、混凝土强度等级：C3	m3	8621.45	807.61	6,962,769.23
7	040406004002	混凝土墙	1、混凝土强度等级：C3	m3	1917.73	729.11	1,398,236.12
8	040406006001	混凝土平台、顶板	1、混凝土强度等级：C3	m3	4720.92	711.22	3,357,612.72
9	040406006002	混凝土平台、顶板	1、混凝土强度等级：C3	m3	1692.88	608.69	1,030,439.13
2		投料口					1,843,200.38
10	040303001003	混凝土垫层	1、混凝土强度等级：C2	m3	210.8	516.5	108,878.20
11	040303001004	混凝土垫层	1、混凝土强度等级：C2	m3	26.88	525.15	14,116.03
12	040406002003	混凝土底板	1、混凝土强度等级：C3	m3	588	486.44	286,026.72
13	040406004003	混凝土墙	1、混凝土强度等级：C3	m3	337.21	942.55	317,837.29
14	040406004004	混凝土墙	1、混凝土强度等级：C3	m3	758.31	767.55	582,040.84
15	040406006003	混凝土平台、顶板	1、混凝土强度等级：C3	m3	431.52	836.16	360,819.76
16	010606008001	钢梯	1、钢材品种、规格：可	t	1.386	7749.13	10,740.29
17	010606008002	钢梯	1、钢材品种、规格：90	t	0.694	7752.46	5,380.21
18	040304003001	预制混凝土板	1、部位：投料口预制板	m3	24.05	1400.16	33,673.85
19	040901009001	预埋铁件	1、材料种类：四个侧面	t	2.249	7350.06	16,530.28
20	040901009002	预埋铁件	1、材料种类：10mm厚	t	12.587	8513.3	107,156.91

图 10-37　BIM 工程量审核内容

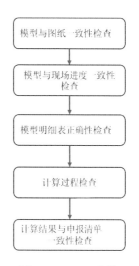

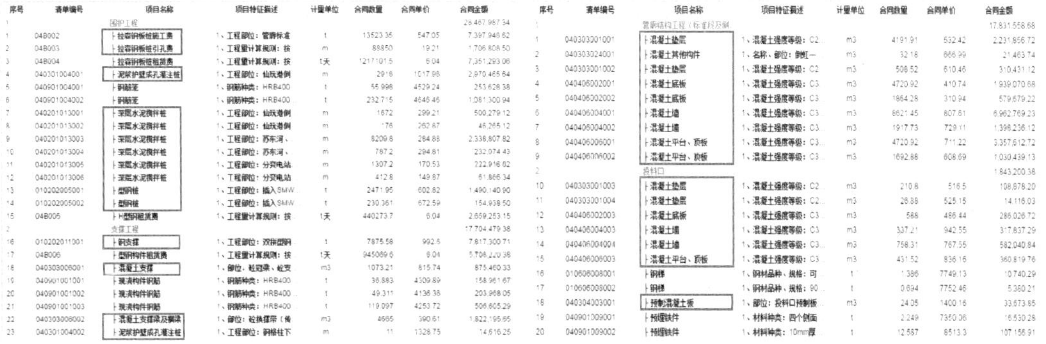

1 模型审查意见

太湖新城吴中片区综合管廊（二期）工程二标段

竹山路
BIM阶段模型（2017.10）检查报告

2017.10

悉地（苏州）勘察设计顾问有限公司

(a)

表1 模型审查意见汇总

序号	问题类型	问题描述	图例
1	模型不完整	1. 请按设计图纸，将未创建的模型补充完整，下一阶段务必提供完整模型。 2. 该阶段模型，缺少工法桩和型钢模型，影响工程量复核。 3. 请在下一阶段上传场站模型，包括项目部和加工厂等，要求位置准确、占地、外观、主要功能区与现场一致。	
2	建模问题	1. K1+530处通风口，集水井没用热做，因此底板的量会多计； 2. K1+530处通风口，是否漏了两个集水井没有创建？	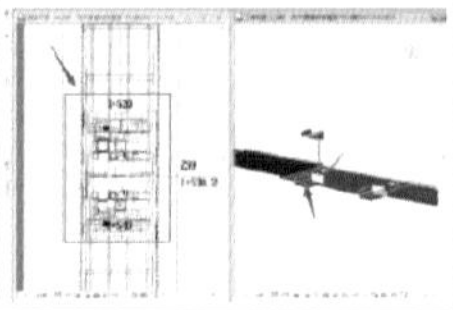

(b)

表2.工程量核对结果汇总（基坑）

序号	清单编号	项目名称	批次	计量单位	申报数量	BIM出量	误差（（申报-BIM）/BIM）
分部：围护结构-工法桩							
1	040201013004	三轴深层搅拌桩	上期末	m	6104.00	5910.00	-
			本次(11月)		6140.00	5775.00	6.32
			合计		12244.00	11685.00	4.78
2	010202005002	型钢桩	上期末		1089.00	1023.98	-
			本次(11月)		996.97	996.50	0.05
			合计		2085.97	2020.48	3.24
分部：围护结构-拉森钢板桩							
3	010202006001	拉森钢板桩	上期末	t	5918.88	5892.42	0.45
			本次(11月)		3468.82	3116.30	11.31
			合计		9387.70	9008.72	4.21
分部：围护结构-止水帷幕+钻孔桩							
4	040201013005	三轴深层搅拌桩止水帷幕	上期末	m	998.40	1036.80	-
			本次(11月)		1132.08	345.60	227.57
			合计		2130.48	1382.40	54.11
5	040301004003	泥浆护壁成孔灌注桩	上期末		2928.00	2732.80	-
			本次(11月)		0.00	0.00	-
			合计		2928.00	2732.80	7.14

(c)

表3.工程量核对结果汇总（结构）

序号	清单编号	项目名称	批次	计量单位	申报数量	BIM出量	误差（（申报-BIM）/BIM）
分部：管廊结构(F8)							
1	040406002001	混凝土底板（厚度60cm以内）	上期末	m²	1958.59	2482.51	-
			本次(11月)		1905.12	2301.89	-17.24
			合计		3863.71	4784.40	-19.24
2	040406004001	混凝土墙（墙厚50cm以内）	上期末	m²	1957.11	2026.67	-
			本次(11月)		3398.01	3486.39	-2.54
			合计		5355.12	5513.06	-2.86
3	040406006001	混凝土平台、顶板（板厚50cm以内）	上期末	m²	1260.56	1270.44	-
			本次(10月)		2300.76	2178.79	5.60
			合计		3561.32	3449.23	3.25

(d)

图10-38 模型审查报告内容

(a) 检查报告；(b) 模型审查意见；(c) 基坑工程量对比；(d) 结构工程量对比

（本项目由悉地（苏州）勘察设计顾问有限公司提供）

参 考 文 献

［1］　中华人民共和国住房和城乡建设部.《建筑工程设计信息模型分类和编码标准》GB/T 51269—2017
　　　［S］. 北京：中国建筑工业出版社，2018.

［2］　中华人民共和国住房和城乡建设部.《建筑工程信息模型应用统一标准》GB/T 51212—2016［S］.
　　　北京：中国建筑工业出版社，2017.

［3］　国务院办公厅. 关于促进建筑业持续健康发展的意见（国办发［2017］19 号）［EB/OL］.［2017-
　　　02-21］. http://www. gov. cn/zhengce/content/2017-02/24/content_5170625. htm.

［4］　住房和城乡建设. 关于推进建筑信息模型应用的指导意见（建质函［2015］159 号）［EB/OL］.
　　　［2015-06-16］. http://www. mohurd. gov. cn/wjfb/201507/t20150701_222741. html.

［5］　交通运输部. 公路水运工程 BIM 技术应用的指导意见（交办公路［2017］205 号）［EB/OL］.
　　　［2018-03-05］. http://zizhan. mot. gov. cn/zfxxgk/bnssj/glj/201803/t20180312_2997993. html.

［6］　华东建筑设计研究院有限公司，上海建科工程咨询有限公司.《建筑信息模型应用标准》DG/TJ
　　　08—2201—2016［S］. 上海：同济大学出版社，2016.

［7］　上海市城市建设设计研究总院（集团）有限公司.《市政给排水信息模型应用标准》DG/TJ 08—
　　　2205—2016［S］. 上海：同济大学出版社，2016.

［8］　上海市城市建设设计研究总院（集团）有限公司.《市政道路桥梁信息模型应用标准》DG/TJ 08—
　　　2204—2016［S］. 上海：同济大学出版社，2016.

［9］　住房城乡建设部工程质量安全监管司. 市政公用工程设计文件编制深度规定（2013 年版）［M］. 北
　　　京：中国城市出版社，2013.

［10］　张吕伟，蒋力检. 中国市政设计行业 BIM 指南［M］. 北京：中国建筑工业出版社，2017.

［11］　筑龙 BIM 网 http://bim. zhulong. com/

［12］　中国 BIM 门户网 http://www. chinabim. com/

［13］　中国 BIM 培训网 http://www. bimcn. org/

［14］　BIM 中国网 http://www. cnbim. com/

［15］　百度文库 https://wenku. baidu. com/

［16］　百度图片 https://image. baidu. com/

［17］　百度百科 https://baike. baidu. com/

［18］　360doc 个人图书馆 http://www. 360doc. com/l

［19］　豆丁网 http://tushu. docin. com/